電動車動力系統

－ 設計與整合簡介 －

▎總編輯　陽毅平　教授

▎作者群　陽毅平・劉達全・解潘祥・張欣宏・林立松
　　　　　楊可農・林國楨・藍亦維・林君穎・張伯華

中華民國自動機工程學會

國家圖書館出版品預行編目資料

電動車輛動力系統設計與整合簡介 / 劉達全等編著；陽毅平主編. -- 1版. -- 臺北市：臺灣東華書局股份有限公司, 2021.01

256 面；14.8x21 公分.

ISBN 978-986-5522-28-5（平裝）

1. 電動車 2. 汽車工程

447.21　　　　　　　　　　　　　　　109017931

電動車輛動力系統設計與整合簡介

主　　編	陽毅平
編 著 者	陽毅平、劉達全、解潘祥、張欣宏、林立松、楊可農、林國楨、藍亦維、林君穎、張伯華
發 行 人	陳錦煌
出 版 者	臺灣東華書局股份有限公司
地　　址	臺北市重慶南路一段一四七號三樓
電　　話	(02) 2311-4027
傳　　真	(02) 2311-6615
劃撥帳號	00064813
網　　址	www.tunghua.com.tw
讀者服務	service@tunghua.com.tw
門　　市	臺北市重慶南路一段一四七號一樓
電　　話	(02) 2371-9320

2026 25 24 23 22　HJ 6 5 4 3 2

ISBN　978-986-5522-28-5

版權所有 ‧ 翻印必究

目錄

推薦序 1 vii
推薦序 2 x
推薦序 3 xiii
推薦序 4 xv
序 xvii

第一章　電動車動力系統 1

- **1.1** 車輛動力系統技術與產品規格分析 1
- **1.2** 道路行駛車用驅動馬達規格項目與特色 4
- **1.3** 車用驅動馬達規格與設計相關性範例說明...11
- 參考文獻 17

第二章　車用驅控器原理 19

- **2.1** 電機驅動器 19
- **2.2** 電機控制器 26
- **2.3** 車輛電動機控制 36
- 參考文獻 45

第三章　電機設計與分析 47

- **3.1** 感應馬達基本觀念 47
- **3.2** 感應馬達基礎設計 (0D/1D) 53
- **3.3** 電磁設計與分析 (2D/3D) 90
- **3.4** 車用感應馬達磁路分析 99
- **3.5** 電磁與熱流耦合分析 107
- **3.6** 電磁與結構耦合分析 123
- 參考文獻 147

第四章　驅動器與感應馬達匹配參數測量與調校.................149

- **4.1** 感應馬達直流試驗......................................152
- **4.2** 感應馬達堵轉試驗......................................153
- **4.3** 感應馬達無載試驗......................................156
- **4.4** 參數調校流程..160
- **4.5** 參數調校方法結論......................................166
- 參考文獻..169

第五章　虛擬車輛動力系統測試......171

- **5.1** 虛擬車輛動力系統測試方法..............................171
- **5.2** 虛擬車輛動力系統測試應用：整車行車效率測試技術........191
- 參考文獻..202

第六章 電動車輛規格制定案例探討 203

- **6.1** 規格制定流程 203
- **6.2** 規格制定實例 - 電動中巴 180 kW 馬達與驅動器 219
- 參考文獻 228

推薦序 1

　　幾年前，政府實行了一個叫做「工業基礎技術計畫」，這個計畫是要往下紮根，使我們有更好的工業基礎技術，因為唯有提高這種技術，我們的工業才能更上一層樓。電動巴士就是這個計畫中的一個項目。這個計畫主持人是陽毅平教授，他在計畫完成以後，將他們研究的過程和心得寫成了這本書，書中所提到的各種工程細節，都是一般教科書所沒有的。

　　這本書的最大優點是使青年學子知道工程細節的重要性，以馬達為例，國中生都會做出一個馬達，但是要做出一個巴士上用的馬達，卻必須注意很多細節。比方說，馬達中一定有定子，單單定子就要注意它的尺寸、槽數、各槽導體數，這些參數的決定都與物理和數學有關，本書也將這些理論講解得非常清楚。

　　馬達的原理和電磁學有密切的關係，要懂得電磁學，必須在數學上有很好的根基，這本書詳細地介紹了如何利用磁路分析軟體，來幫助工程師設計，對於在校學生是絕對有用的。

這項研究計畫的成果大致如下:

- 將台灣已有的工業用馬達,升級成為電動車等級的馬達。
- 工業馬達在定速(定頻)運轉,設計時只要在固定轉速點有最高效率就可以了;車用馬達從車輛起動、加速、到巡航,從低速到高速都要有高的效率。
- 發展一套馬達設計、製造、測試流程,經過複雜的電磁、熱流、結構多重物理耦合有限元素設計,還未製造前,就能模擬馬達在車上的表現。
- 深入探討改良馬達材料與製程,例如,馬達外殼高導熱材料的配方,或是矽鋼片沖製過程中,不留殘餘應力的技術。
- 設計了車用變頻驅動器,體積大幅縮小,超過美國能源局 2020 年 13.4 kW/L 的目標,也拿到功能安全證書 (ISO 26262 ASIL C),其中最重要的是失效診斷與控制,因為電動車開出去不能出錯。
- 馬達與驅控器技術已經技轉給大同、東元、致茂等大公司。

這本書對在校學生,有以下的好處:

- 他們可以知道任何一個工業產品的設計,都牽涉到很多的細節,這本書所提到的細節,總有幾十種之多,我們如果忽略了任何一個,這個產品就不會有商業價值了。
- 他們可以知道我們國家的工業已經脫離了裝配時代,而進入了設計時代。在裝配時代，我們多數工程師是維護工程師，現在，我們須要大量的研發工程師。
- 他們可以知道研發工程師必需是有學問的，對於設計所需要的理論，一定要徹底瞭解。
- 他們可以知道研發工程師不能只有學問，也要對實務有興趣。
- 他們可以知道任何一個高級的工業產品，都不可能在短時間內研發成功的，十年方能磨一劍也。

我深信這本書會使相當多的青年學子，對於工業技術的提昇更有興趣。我們應該感謝陽教授和所有參與這個計畫的工作人員。

李家同

推薦序 2

　　「移動力」(mobility) 係文明進展的推動力,近代文明發展的加速度式進展,「移動力」的大幅提升是其中一項關鍵。

　　從依靠天然能源的被動式運輸載具(如:依靠不可控之風力的帆船、大氣對流的熱汽球或風箏等),到工業革命所產生的主動式運輸載具(如:蒸汽機、內燃機驅動的船艦和飛機等),美國國家工程學院選定的廿世紀人類 20 項偉大工程成就中,第一項是電力建設,第二項是汽車,第三項是飛行器,運輸載具便佔據了 前兩項[1]。

　　但如此輝煌成就的代價,成為造成全球氣候變遷的關鍵因素之一。面對全球氣候變遷,能源轉型為主要手段。依靠化石燃料為動力來源的各式運輸載具,改成以清潔能源為動力來源的載具,將可為減緩、甚至改變全球氣候變遷趨勢。降低碳排、減少空污,運輸載具動力來源的潔淨化,甚至比火力機組

---

[1] W. A. Wulf, "Great Achievements and Grand Challenges," pp. 5~10, The Bridge, vol. 30, no. 3 & 4, Fall/Winter 2000.

降載影響更大。因此，運輸載具的電動化，將帶來極為正面且巨大的效益。

過去台灣汽車工業的自製率雖相當高，然而其中最關鍵的核心技術—引擎—卻始終難以完全自主掌握。如今，電動載具將改變此一局面。台灣過去在車輛研發及電機、電子產業累積的實力，已經具備掌握電動車全部關鍵技術的實力。

馬達為工業之母，動力馬達將取代引擎，成為電動載具的動力核心組件。大同公司在總裁林挺生先生工業報國的抱負及建立自主核心技術的遠見下，於七十年前即投入馬達產業，多年來提供台灣產業發展所需的各種工業用馬達及發電機。今日，電力半導體材料、元件及各種驅控技術突飛猛進，為馬達作為動力用途舖下光明大道；其中，工研院機械所在驅控等關鍵技術的深耕與成就，實是有目共睹。

大同公司由前董事長林蔚山先生主導，本人完成簽署與工研院機械所合作技轉的驅控技術，已實作於電動大巴士的馬達驅控上，此乃工研院機械所團隊對國內電動載具產業所作出的重要貢獻，大同得以合作技轉，與有榮焉。

如今工研院機械所團隊為進一步傳承、擴散十多年來研發的成果，將完整的關鍵技術彙輯成書，以造福國內相關產業的從業工程師與學生們。此一無私奉獻的作為，完全與大同公司創辦人和總裁貢獻國家社會、工業報國的作法一致。今蒙陽博士邀請為本書作序，深感榮幸！

遙念為國內產業作育人才、無私奉獻的先賢，哲人已遠而典範在夙昔，大同將竭力與工研院機械所合作，建立國內電動載具中馬達驅控的關鍵技術,成為台灣自主技術的一環。

誠心預祝本書成為國內產業界及學界暢銷而珍貴的資產。

大同公司　董事長

中華民國 109 年 8 月 1 日 敬筆

推薦序 3

車用動力　全新啟航
──發動台灣下一個明星產業

　　在全球因應氣候變遷、減少碳排放的倡議下,電動化低碳運輸的車輛動力系統,是重要的應對方案。各國陸續發布禁售傳統燃油車時間表,國際主要車廠也紛紛宣示要提高電動車銷售占比,形成了一波地球環保與人類永續生存的大趨勢。東元擁有製造馬達與驅動控制的技術力,節能、減排更是集團重要願景,在與工研院機械與機電系統研究所的合作之下,今年(2020 年)推出了自有品牌的電動車動力系統,是國產第一家製造包括電動車用馬達及驅動控制兩項產品的業者,實現電動車「動力系統國產化」的目標。

　　在工研院發展電動化動力系統相關計畫初期,東元即參與其相關計畫,期間除電動車用馬達及驅動器等相關動力零部件的發展,亦共同合作如三輪車、果菜貨卡車及巴士等各種特用電動車輛的系統化分析,參與計畫的東元團隊亦在相互合作的過程中，從深化技術到設計與製造的各個面向，獲益成長。特別值得一提的是合作乘用車驅動器，研發歷時將近一年，並導入經濟部技術處科專計畫，由於採用模組化設計，可以從 8 kW 擴充到 272 kW 範圍，未來規劃升級為高度集成系統 (三合一動力系統)。市場公開後詢問度高，令東元團隊十分振奮。

　　電動車和自駕車已是人類生活可預見的未來，與傳統燃油車相比，電動車是更精密的工業產品，產業涵蓋範圍更加廣泛，各項新興科技、電子系統的創新應用都是電動車產業的發展重點。台灣企業要掌握這股趨勢，除了在產業發展中要找到定位，尋求頂尖的研發能量挹注，更是不可或缺。東元以馬達起家，在車用領域發揮本身的優勢與全球量產的能力，更協同工研院達成技術升級，才能奠定與國際同步發展的基礎，並培養全球市場堅實的競爭力。

　　「電動車輛動力系統設計與整合簡介」一書，詳述了最新的產業技術力，工研院機械與機電系統研究所陽毅平副所長，以專業的用語，從整套牽引系統到整合，完整地匯整在此書中，國內相關文獻少見如此精闢的內容，不但可用於學界教材，更是產業技術、研發人員不可錯過的寶典，在此鄭重推薦。

東元電機　董事長

推薦序 4

　　工程是運用科學的發現來解決實際上的問題。經過多次的實證，不同的應用方向逐漸會歸納出一套或多套重要的理論與定律，也就成了我們在接受工程教育時所吸納的教材內容。這些理論都是我們在解決實際問題時重要的基礎，但是因為是長期的歸納，去蕪存菁，所以通常與任何一個實際問題的解決方法，都存在這一個不小的差距。例如電磁學以及有限元素分析法，提供了馬達設計的基礎理論，然而馬達的規格以及其可能的結構拓樸千變萬化，沒有實際從設計製作的結果來累積，是無法達到一個實務上的水準。再者，理論所賦予的空間是無限大，但是實際上有太多限制，例如任意設計的一個馬達磁路，或許其力矩響應很完美，但是因為動子鐵芯幾何形狀太複雜，根本無法量產製造，或是無法有效散熱。在諸多實際限制下的設計妥協，事實上就是工程的精髓，但是這個妥協並不是對目標的輕易讓步，反而是持續追求目標的提昇。我們常用工藝水準來描述在這些理論之上，且難以具體形容的能力，而工藝的完美性就是在探索在限制下，理論運用的極限。這個能力往往就是衡量一個產業底蘊或基礎的深度。

經濟部的深耕工業基礎技術科專計畫，就是在學理的基礎上，針對一個重要的應用領域，累積建構其工藝水準。在環保的趨勢下，車輛電動化無疑地將取代目前以燃油為主的驅動方式。因為車輛攸關安全與能源使用效率，尤其是在長期使用下的穩定性不容出錯。因此本計畫選擇電動車輛的動力系統為標的，也同時建立具未來應用的關鍵技術。本計畫主持人陽毅平教授長期研究馬達與驅動技術，帶領本計畫產出豐富的成果，並將其中的精華濃縮成書，以廣為散播相關知識，本書對在這個領域學習或是運用的學生與工程師，有莫大助益，尤其是從實務觀點歸納的設計考量，是相當寶貴的參考資料。

期待本書能讓各界重視我國工業基礎技術的重要性，也期盼團隊能持之以恆，在電動車輛動力系統上建構堅實的技術基礎。

胡竹生

工研院機械所所長 / 交大電機系教授

序

　　這本書是工研院執行經濟部工業基礎技術計畫的產出，當時的願景是十年磨一劍，在既有的產品中精益求精，深耕基礎技術，並且培育人才，協助廠商突破瓶頸，能真正採用所開發的基礎技術，提升產品的附加價值。這個計畫中有一個項目是「全電化都會運輸系統技術」，為了搭配十年一萬輛電動巴士的政策，我們選定百瓩功率等級的動力系統，以感應馬達及其變頻驅動器，作為技術精進的目標。

　　當時，我們還定義了「三高一廣」精神；第一是**高**共通性，除了電動巴士動力系統之外，這個技術還可以泛用於工業用動力系統；第二是**高**技術挑戰性，我們定的目標是使業者通過國際高效率馬達等級 IE4 的指標，這個我們也做到了；第三是**高**經濟影響力，使業者有能力進軍國際市場；最後是將技術**廣**泛應用在廣大的潛力市場。

　　我們在執行計畫的過程中，由車輛規格需求開始，逐步建立電動化動力系統的設計、分析、與模擬的工具，製程及測試的標準作業程序，及技術核心知識，接著結合國內業者製造與品質優勢，製作產品雛形，經過硬體在環 (hardware-in-the-loop, HIL) 實驗後，安裝在電動巴士上，最後完成實車道路測試。這個完整的工程發展流程，通稱為 V 型模式，在本書中都有詳細的介紹。

本書適用的對象，包括大專或職業學校工程科系的學生，以及在工業界服務的工程師，如果已經有一些先修的學科，如工程數學、工程力學、電機機械、電力電子、熱力學、振動學、車輛工程學⋯等，在閱讀本書時會有很大的幫助。由於本書不是以教科書的形式撰寫，因此並未對一些基礎知識和工程名詞作詳細的說明；然而，本書提供了完整的工程發展流程，對於執行車輛系統整合的工程師，必能學到一套完整的邏輯思維與方法。

本書的內容已經在台灣大學「全電運輸學程」中開授，同時開放給十幾所外校學生選修，我們也以此教材舉辦過許多次產業訓練，本書各章作者均擔任過授課講師，我們同時收集了學生的回饋意見，使本書內容更為豐碩。

本書架構

第一章　介紹電動車動力系統

使讀者可以瞭解車用馬達與工業馬達的差異，銅轉子與鋁轉子感應馬達的特性，車輛動力特性對馬達設計與選用的影響，車輛如何藉滑差加速，又要避免打滑，煞車能量如何回收與分配。

第二章　說明車用驅控器的原理

從功率驅動元件的特性、車內電力轉換的架構、電機控制器及車內控制區域網路，討論車輛電動機動力操作區域，如何用六步方波或磁場導向正弦波控制電動機；最後，介紹最大扭矩安培法則及最大扭矩磁通法則，達到電動車節能行駛的目的。

第三章　深入探討電機設計與分析

首先介紹感應馬達基本電路與磁路觀念，由零維度的初步設計，得到馬達基本尺寸，以及馬達性能的平均值；一維度的進階設計，得到馬達細部尺寸，以及馬達性能在氣隙中的分佈值；最後，進入有限元素法的細部設計與分析，獲得馬達細部尺寸和性能，在馬達製造前，作完整的性能評估與驗證。

第四章　闡述驅動器與感應馬達匹配參數測量與調校

本章以一組感應馬達及驅動器標竿產品為例，說明兩者匹配的程序。經過感應馬達直流試驗、堵轉試驗、無載試驗，介紹參數調校流程，進一步搭配磁通鏈命令與扭力命令，就可以精準的執行感應馬達轉子磁通導向控制了。

第五章　討論虛擬車輛動力系統測試

以模型在環 (model-in-the-loop, MIL) 與即時模擬技術兩個核心元素為基礎，進行整個動力系統效能與運作的測試，其中即時模擬技術包括軟體在環 (software-in-the-loop, SIL)、硬體在環 (HIL)、及功率硬體在環 (power hardware-in-the-loop, PHIL) 技術，最後介紹實驗室的建置及虛擬測試的實例。

第六章　探討電動車輛規格制定案例

從車輛的需求清單，推衍出車用馬達產品輪廓，由產品輪廓定出產品規格，再依據產品規格進行車用馬達設計，最後以一款電動中巴馬達與驅動器為例，實際演練所有的工程發展過程。

感謝

我在 2008-2011 於工研院機械所擔任顧問期間，當時吳東權所長請我組成一個奇兵隊，傳授軸向磁通薄型馬達技術，並建立先進馬達技術部門，感謝吳東權所長那時對我完全的信賴，使我可以帶領團隊交出第一張成績單。

本來我以為奇兵隊任務已經完成，可以回到學校了；2011年底有一天，當時的王漢英副所長來到我的辦公室，很期待地邀請我能夠主持工業基礎技術計畫，他說「全電化都會運輸系統」這個項目，很適合我的專業背景，就這樣我就留下來了，不知不覺已經完成了兩期八年(2012-2019)的計畫。感謝那時張所鋐所長、王漢英副所長、及後來接任的胡竹生所長，願意讓我承擔重任，使我可以繼續帶領團隊交出第二張成績單。

執行計畫期間，我要特別感謝李家同教授；過去十幾年，在李教授不斷的奔走與呼籲之下，促成了工業基礎技術的產業發展政策；李教授一直以參與這個計畫的工程師為榮，持續邀請不同的研發團隊，到他在清華大學的辦公室，很有耐心地垂詢我們的技術，再用深入淺出的方式，出版了「為台灣加油打氣」這本書，不但我們受到肯定，更讓社會大眾對台灣有信心。

另一位要感謝的是蘇評揮教授，他是計畫執行的推動者，不斷地拉高我們的視野，調整我們的思維，多次苦口婆心地提醒我們，要善用爭取不易的經費，掌握基礎技術的精神，真正為台灣產業立下根基。

特別感謝在業界頗負盛名的簡明扶顧問，在大同公司擔任馬達設計處長期間，累積四十多年的寶貴經驗，傾囊相授，傳承給年輕工程師，並幫忙指導本書的撰寫，使本書兼具學理與實務的內容。

感謝思渤科技鄭明宏總經理，願意承接並大力支持本書的編撰；謝謝中華民國自動機工程學會前後兩任理事長，王漢英與劉霆教授，共同承接出版任務；還要謝謝東華書局的發行。

感謝我們的作者群，依筆畫順序，有林立松、林君穎、林國楨、張伯華、張欣宏、楊可農、解潘祥、劉達全、藍亦維工程師，他們不但建立了工業基礎技術，還用專業傳授的方式，分享他們的工程經驗。

感謝李承和博士,我在工業基礎技術計畫過程中的最佳搭檔,在他指揮下本書得以順利出版。最後,感謝工研院機械所智慧車輛技術組,許多默默付出的工作同仁,你們是本書出版的幕後英雄,代表讀者向你們致以最高的敬意。

陽毅平

總編輯

第一章

電動車動力系統

1.1　車輛動力系統技術與產品規格分析

近年來由於內燃機的效率已漸趨近物理極限，更高節能的技術，遭遇成本高昂與污染排放的限制，在國際上動力系統電動化，即混合動力化或電動化，已成為主要發展趨勢。馬達與內燃機一樣，都是超過百年歷史的技術，也是成熟的工業產品，國內擁有國際級工業馬達的製造廠商，掌握馬達的設計與製造關鍵技術，這些廠家有興趣進入高附加價值與高成長性的車用馬達市場。

然而，車用馬達與一般工業馬達使用的環境與條件差異甚大，如何開發出滿足車輛需求的電動動力系統，是國內車輛產業與電機產業的共同挑戰。車輛產業如何開發產品簡介如下，圖 1.1[1-1] 以某車廠的開發流程為例，全新車型的完整開發，需經由四個階段的工程活動，整體時程大約需要三年以上，每個工作的內涵都可以再往下展開為一系列的工程活動。動力系統的規格與性能在車輛第一階段的概念設計時期就確定，才能展開後續發展與驗證的規劃。正確制定動力系統的規格十分關鍵，越到產品後期才作修正，將嚴重浪費大量的經費與時間。

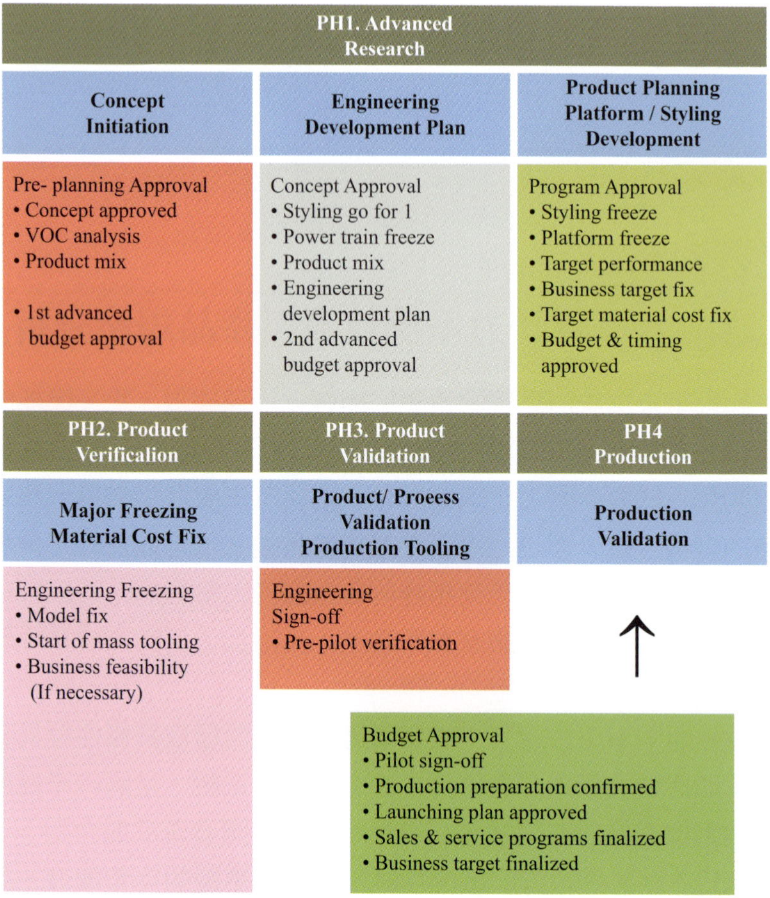

2　電動車輛動力系統設計與整合簡介

PH1. Advanced Research		
Concept Initiation	**Engineering Development Plan**	**Product Planning Platform / Styling Development**
Pre- planning Approval • Concept approved • VOC analysis • Product mix • 1st advanced budget approval	Concept Approval • Styling go for 1 • Power train freeze • Product mix • Engineering development plan • 2nd advanced budget approval	Program Approval • Styling freeze • Platform freeze • Target performance • Business target fix • Target material cost fix • Budget & timing approved
PH2. Product Verificalion	**PH3. Product Validation**	**PH4 Production**
Major Freezing Material Cost Fix	**Product/ Proeess Validation Production Tooling**	**Production Validation**
Engineering Freezing • Model fix • Start of mass tooling • Business feasibility 　(If necessary)	Engineering Sign-off • Pre-pilot verification	↑
	Budget Approval • Pilot sign-off • Production preparation confirmed • Launching plan approved • Sales & service programs finalized • Business target finalized	

圖 1.1 量產車廠車輛開發流程 [1-1]

　　二十年前，車廠仍有快速建立雛型、再透過測試發展逐漸改善的觀念，但因為車輛隨著污染與油耗標準提升，系統越來越複雜的狀況下，傳統方法已無法應付新型車輛的開發。因此車輛界藉由累積的工程經驗，而發展出一套系統工程技術，圖 1.2 為其在底盤系統的應用範例 [1-2]，其概念是將車輛的多樣

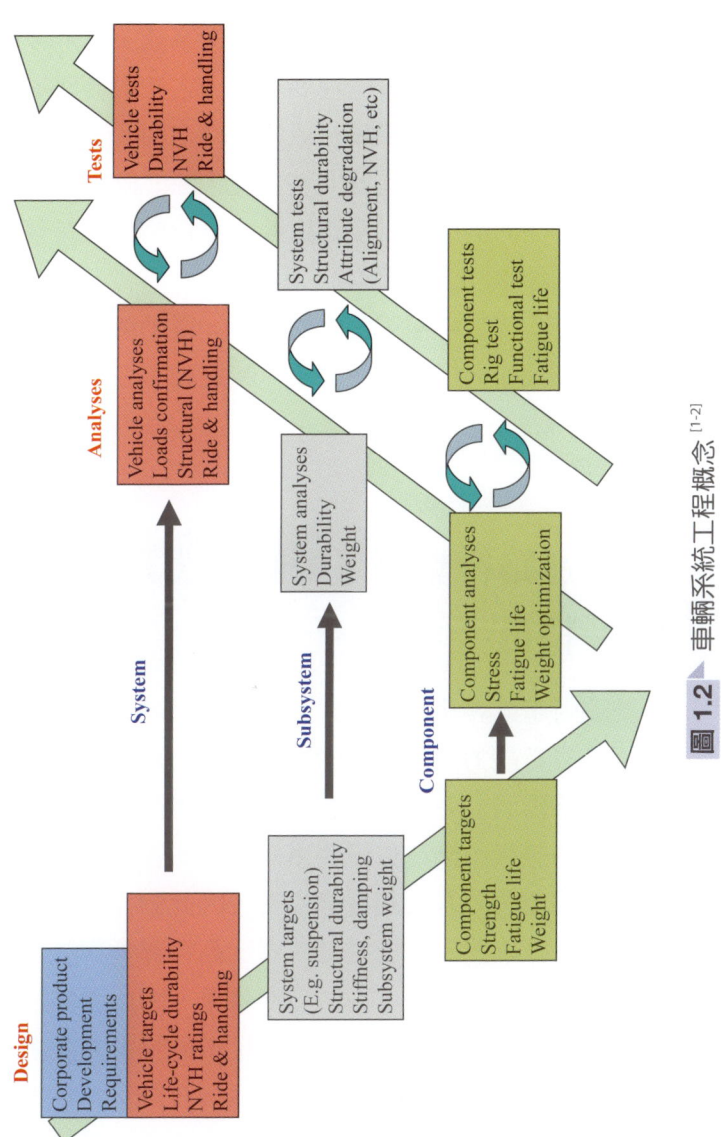

圖 1.2 車輛系統工程概念 [1-2]

複雜的產品需求,例如目標市場與性能、法規、製造、成本、品質等,轉換為透過一系列由「整車至次系統,再至零組件」的分級規格制定與驗證工程的程序。此一方法由於對車輛本身的規格與上下游及平行次系統,或零組件之間的介面定義的十分明確,因此各階段皆可進行完整驗證。除能確保需求被滿足外,對於舊組件的沿用,以及新組件的平行開發也有幫助,大幅減少了車輛開發的資源與風險。

車輛動力系統為車輛工程中的一環,電動車輛動力系統的技術細節,以及如何根據車輛需求,制定動力系統規格就是本書要闡述的重點。

1.2 道路行駛車用驅動馬達規格項目與特色

由於國內產業界與學術界在工業馬達領域,累積多年的基礎設計設計分析能力,所欠缺的僅是對車輛產品輪廓,以及對動力系統規格影響的系統工程能力。因此本節以工業馬達與車輛驅動馬達的差異,來比較說明車用馬達的特性。工業馬達由於是裝配於固定位置且使用電網供電,因此對體積、重量的要求不嚴,產品需求重點會放在低成本、高可靠性與高效率;車輛驅動馬達卻是裝在車上,並以電池供電,因此產品需求重點放在重量、體積、效率等條件,以滿足車輛驅動力要求來符合車用環境。相對於工業馬達,車用馬達具有以下特性:環境耐受性高、結構緊湊以提升功率密度、轉速高減少體積、低的振動噪音、具逆轉與煞車回充等四象限運轉能力、具節能低起動電流、具低速起步的可控制性、對應行車型態的廣範圍高效率、對應車輛電池供電之可變操作電壓、對應車輛驅動需求的平順扭力輸出等。表 1.1 說明部分工業馬達與車用馬達規格的比較，進一步說明車用馬達規格差異對馬達設計的影響：

表 1.1 工業馬達與車用馬達規格差異比較

工業馬達	車用馬達	說明
溫度 −20～40℃	溫度 −40～85℃	工業馬達耐受溫度有 BFH 分級，H 級可達 180℃，但環境溫度最高仍為 40℃。車用馬達如若為混合動力輛裝置於引擎室，則要求與引擎室環境溫度一致，最高可達 105℃。若為獨立氣冷馬達，則要求環境溫度為使用地區最高氣溫。純電車用馬達若為水冷，則一般設計最高水溫 65℃，環境溫度 85℃。
環境變化遲緩	環境變化範圍大且劇烈	工業馬達對應氣候變化，車用馬達則因登山涉水，使得環境溫度與濕度不僅變化範圍大，而且變換快速。對溫度而言，代表溫度梯度大，需檢討熱應力與公差配合。對濕度而言，代表較易結露，需檢討耐潮性。
效率 > 92.1%（IE1）	效率 > 96%	理想非必要條件。工業馬達標準 55 kW 以上，IE3 效率要求提高至 94.3%，但為單點穩態效率，車用馬達效率不是要求單點最高值，而是希望於常用操作範圍內皆有較高值。除此之外，車用馬達頻繁的起步、加減速與煞車回充，都會影響整車能耗，不能僅依據穩態單點操作狀態來設計馬達，需同時檢討其他項目。
定頻定壓供電	變壓直流供電	軌道車輛驅動馬達仍為定壓直流供電，但道路行駛車用馬達為車載電池以直流供電，電壓因殘電量與電流不同而有些變化。車用馬達控制系統應確保在電池電壓變化的情況下，仍能維持一致的馬達性能。
VF 控制 三相交流市電直入馬達	扭矩/向量控制 PWM 切換交流頻率與電壓控制	車用馬達使用驅動器，馬達本體設計需與控制器匹配，例如對應向量控制，馬達的磁通鏈與扭力電流特性，應分開檢討設計。驅動控制系統設計挑選時，除效率之外，還必須同步考慮車用馬達複雜的操作條件，例如寬的轉速與扭力範圍，變化的供電電壓，車輛起步、加減速、煞車回充等行車型態對馬達特性要求，以及安全保護的功能，複雜性遠超過傳統工業馬達控制系統。目前因效率與精度的要求，工業馬達亦已逐漸採用向量控制。

工業馬達	車用馬達	說明
轉速低	轉速高	由於馬達扭力是影響尺寸的關鍵因素,馬達扭力大致上與體積成正比。車用馬達為達到高功率密度,傾向使用低扭力高轉速。高轉速需求動平衡、轉子動力、低鐵損以及高速軸承等特殊設計。
耐振 5g	依據車輛行駛狀況定義耐振性	車用馬達耐振性常使用衝擊(高 g 短時間)與掃頻方式(模擬路面傳達多頻負荷特性)等模擬車輛操作條件定義耐振性。其值可依據車輛定義的操作情況,或以 CNS15481-3 等標準規範訂定。
鑄鐵外殼	高導熱性鑄鋁外殼	主要目的是降低質量與改善熱傳。鋁合金外殼剛性與強度較鑄鐵低,需檢討結構強度與振動噪音性能。目前高性能工業馬達,也逐漸採用鋁或鋼的外殼。
鋁轉子	部分使用銅轉子	銅轉子因氣泡少傳導佳、耐溫高、體積小因此可達較高效率,緊湊亦有助於提高轉速,因此被高功率密度車用驅動馬達選用。目前高效率工業馬達,也有採用銅轉子趨勢。
強制氣冷	水冷 油冷	一般工業馬達功率密度 0.07~0.16 kW/kg,遠低於車用規格 0.7~1.7 kW/kg,因此可接受空冷。道路行駛車用驅動馬達,因功率密度高,使用環境溫度變化大,以及振動噪音與涉水等考慮,雖然空冷具簡單可靠特性,但大多採用水冷設計。永磁馬達,則由於磁鐵過溫退磁疑慮,還需特別注意冷卻到磁鐵部分,部分高功率密度馬達因此使用油冷,靠近磁鐵處潑油冷卻。由於水的比熱大,熱傳佳,冷卻效果佳,但導電性令其無法直接冷卻內部零件。油冷優勢可直接冷卻內部,亦可潤滑軸承,但要避免被運動件擾動。氣冷則系統最簡單,但高風量時易有噪音,以及不能防水與異物侵入造成的損壞等疑慮。

工業馬達	車用馬達

1. **環境溫度**　一般工業馬達要求操作環境溫度是 $-20°C$ 到 $40°C$，超過 $40°C$ 就要降低額定功率。車用馬達操作溫度規格則為 $-40°C$ 到 $85°C$（純電車）及 $-40°C$ 到 $105°C$（混合動力車），存放的規格為 $-40°C$ 到 $120°C$。存放溫度範圍大，會影響到材料是否因高低溫劣化（如塑膠、油品、絕緣高分子等），材料膨脹係數差異，是否造成熱應力破壞的問題。溫度高的操作環境，反應冷卻系統規格的要求，或直接影響冷卻系統選項。而在溫度梯度方面，一般要求在 $10°C$／分鐘以上，因此需考慮溫度分佈不均的熱應力問題、反覆高低溫的熱疲勞破壞問題，以及溫差造成的裝配公差問題。

2. **環境壓力**　一般氣冷的工業馬標準海拔是一千公尺，若海拔再提高則需降低馬達額定功率。車用馬達海拔則視產品銷售地區而定，一般要求至少是海拔四千公尺，高山用車會定義更高海拔。馬達對海拔敏感度不如引擎，主要影響是熱傳率降低問題，氣冷馬達需調降額定功率，水冷、油冷馬達則於熱交換器設計時，需代入較低氣壓之低密度空氣條件以進行設計。

3. **振動噪音**　由於工業馬達可固定在大地上，所以只規範馬達本身運轉產生的振動，以及軸連接的精度，在驗證測試時都沒有環境振動這個項目。但車用馬達裝置於車體上，除了車輛行駛動態負荷不應導致損壞狀況發生之外，還要求馬達於特定頻率振幅下的耐久性，以避免共振損壞。這些環境負載會影響馬達的支架強度與剛性、馬達本體的自然頻率範圍、以及馬達與車體匹配等設計。由於車輛驅動馬達的功率高，高轉速與廣域運轉特性，使得車用馬達較不易閃避共振，因此振動噪音性能，成為車輛驅動馬達一項重要的設計項目，所以產品設計時需同時考慮系統的電機設計（如降低扭力漣波與電磁激振力）與機械設計，此部分將於 3.6 節馬達電磁──結構耦合設計與分析中進一步說明。

4. **高效率**　車用馬達要求廣域高效率，以及轉速與扭力的四個象限運轉等車用特性，必須與控制系統一起設計。車用馬達的高效率設計遠較工業馬達複雜。馬達本體的效率改善，可選擇下列方法來對應[1-3]。

- 增加導磁材料體積，避免磁飽和磁滯損失
- 採用高性能導磁材料（矽鋼片規格）
- 降低馬達的溫度
- 最佳化定子與轉子的幾何形狀
- 最佳化氣隙尺寸
- 最佳化矽鋼片製程，減少變質層與毛刺，降低鐵損與銅損
- 提升風機或冷卻水泵效率
- 選用高效率的軸承
- 增加定子與殼體間熱傳效率
- 最佳化製程，降低製造公差

以上的方法，目的為降低鐵損、銅損、機械損，包括降低非線性磁滯現象、降低渦電流、降低電阻、降低軸承與風扇摩擦損失、降低氣隙及氣隙變異以及降低頓轉扭矩等。

以大型車輛較常選擇的感應馬達為例，最顯著改善效率的方法是改用銅轉子。車輛驅動馬達是否該選擇銅轉子設計

方案？表 1.2 是銅、鋁材料本身特性比較[1-4]，銅具有較高的熱傳導性、結構強度與耐溫性，以及較低的電阻，使得銅轉子具低溫度梯度、高轉速、高溫運轉與低銅損之特性，這些特性都符合車輛高轉速與高功率密度的需求。圖 1.3 是使用銅轉子的車用馬達的性能比較[1-5]，圖 1.3(a) 中顯示銅轉子具低的滑差率，圖 1.3(b) 顯示馬達轉速全域效率高，這些都可改善馬達的能耗。也因此除成本考慮外，銅轉子可提高車用感應馬達的效率，所以是馬達設計時較好的選項。銅轉子感應馬達除最了高效率已可和永磁馬達匹敵外，感應馬達的無弱磁需求特性，也使其高效率操作轉速範圍超過永磁馬達，達到更佳的節能效果。

5. **控制驅動系統**　部分車用驅動馬達的特性，例如可變操作電壓、四象限運轉能力、平順扭力輸出等，是馬達與控制系統共同設計並且匹配後才能實現。車輛驅動控制系統的需求於**功能** (function) 層級起碼就需包括以下項目：前進、倒車兩向皆能**驅動與煞車之四相控制** (forward and reverse control)、

表 1.2　銅轉子與鋁轉子材料特性比較[1-4]

材料性質（單位）	純鋁	鼠籠式轉子用鋁合金	純銅	鼠籠式轉子用銅合金	矽鋼片
導電性（% IACS）	62	34～69	101	7～90	—
比重	2.71	2.69～2.71	8.94	8.53～8.94	7.86
熱膨脹率（10^{-6}/℃）	23.8	23.4～23.6	17.6	17.3～18.7	11.2
熱傳導性（W/mk）	205	118～194	401	32～313	—
退火回火降伏強度（MPa）	165	193～276	365	393～552	—
退火回火抗拉強度（MPa）	186	221～310	393	414～634	—
熔點（℃）	646	582～654	1083	1027～1149	—

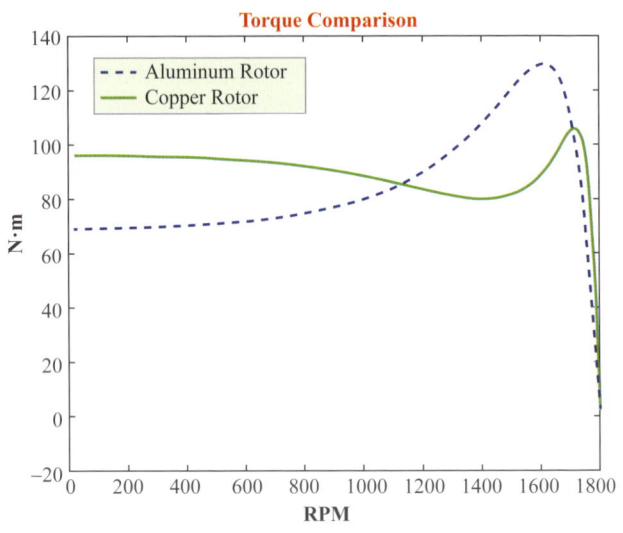

(a) 同扭力下滑差較小

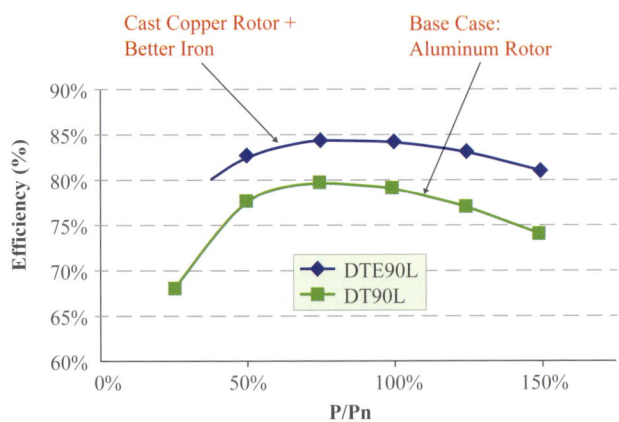

(b) 全域保持高效率 (P 表示功率，Pn 表示額定功率)

圖 1.3 使用銅轉子的感應馬達性能優勢 [1-5]

零車速的位置控制能力 (rollback protection)、**良好的扭力響應** (load compensation)、**平順的扭力控制** (jerk control)、**車輪滑差控制** (slip/skid control)、**煞車能量回收與降低突波危害** (controlling braking chopper for regenerative / rheostatic blended brake)、**與機械煞車的匹配** (iterface with friction brake)，以及**失效診斷與保護** (failure diagnosis and protection)。車用驅動器的軟硬體及控制策略複雜，開發時應考慮車輛的功能項目與品質。舉不同操作模式變換為例，一般電動車輛模仿引擎車輛，將油門訊號解釋為駕駛者對扭力的期望，使用扭力控制模式。但車輛停止時，為了要對應不同坡度都煞止車輛，需轉換為位置控制模式。因此每次車輛起動，都是一次由位置控制，切換扭力控制的過程。控制系統需具有於不同坡度時都能平順轉換，上坡起步時不會發生倒退現象的斜坡起步控制策略。

1.3 車用驅動馬達規格與設計相關性範例說明

以上規格說明，僅為原則性之項目列舉，故較不易體會車輛規格對設計的影響，因此本小節將透過幾項實例來說明車輛規格對設計的影響。

1. **車輛特性對馬達設計選項的影響**　首先以過去 20 年，感應馬達 (IM) 為什麼逐漸取代了直流 (DC) 馬達，應用於電動車輛動力系統為例，圖 1.4 為車輪滑差 S_W 與車輪驅動力間的

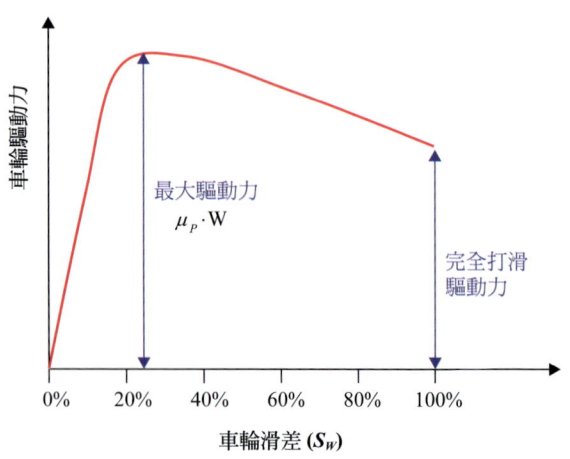

圖 1.4 車輪摩擦力與車輛滑移率關係圖

非線性關係，車輪驅動力超過摩擦力上限後迅速下降稱為打滑。若以相同扭力驅動輪子，打滑時會造成輪速突增，這種負載瞬間下降的變化特性是工業馬達沒有的現象。這現象造成直流馬達被淘汰，原因說明如下：

參考圖 1.5 是假設馬達於工作點運轉時發生了車輛打滑，摩擦力將迅速降低，也就是車輪驅動力急劇下降，圖中斜直線是直流馬達轉速與扭力關係，是負斜率的線性關係。圖中虛線是感應馬達轉速與扭力關係，在工作區域是接近垂直的直線，也就是轉速受扭力影響變化甚小。為了預防上述負載突降時轉速突增的現象，直流馬達轉速需設計比正常操作最高轉數還要高很多，這種過度餘裕設計方式容易降低馬達效率，增加額外打滑偵測與控制，以及提高產品成本。由於感應馬達轉子轉速不可能超過定子的旋轉磁場轉速，馬達規格不用考慮轉速保護過度之設計，可降低成本與體積。此

第一章　電動車動力系統

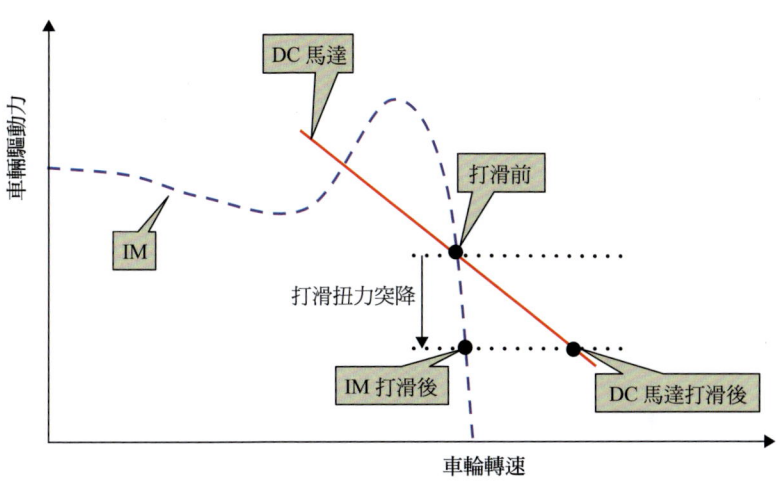

圖 1.5 感應馬達與直流馬達扭力與轉速關係

外直流馬達的控制，是由輸入電壓控制馬達輸出馬力，而不是控制輸出扭力，這與車輛油門控制是下達扭力指令不同，直流馬達的轉速會隨扭力指令變動。感應馬達則因穩定工作區滑差變化小，改變扭力造成轉速變動小，較易維持穩定的車速。

2. **車輛特性對煞車回充系統設計的影響**　設計一個電動車輛的煞車回充系統，需同時考慮電動系統與車輛的需求。以電機觀點考慮的項目有：
(1) 一般車輛煞車功率超過驅動的功率，僅具純電動煞車模式車輛的電機規格，會依據煞車需求設計，但如此是否會犧牲驅動時的效率性能？
(2) 煞車回收的高功率能量如何吸收？此種瞬間高功率電流往往是電池驅動放電最大值的兩倍以上，因此許多電動車使用超級電容等額外的吸收電能元件。
(3) 高車速煞車回充時的高能量，當電能系統來不及吸收時，會升高系統電壓，不當的設計會造成控制系統的故障，甚至損壞。
(4) 低速煞車時，回收的能量有限，甚至低於維持電機運轉所耗的能量，此時讓電機停止進行冷卻降溫，會比無謂的煞車回充較合適。
(5) 感應馬達的煞車回充，是利用驅動器下達命令，使定子磁場轉速低於轉子電氣轉速，造成負滑差，因此產生負扭矩的煞車效果。為了防止馬達逆轉，車輛在煞車過程減到較低速度時，應切掉驅動器電磁煞車控制，轉為機械煞車，以避免煞停後倒車。
(6) 永磁馬達控制更為複雜，可以推導出最大的回收功率，以及最大的回收扭力。超過最大的回收功率的回收能量開始下降，超過最大回收扭力則回收能量開始為負。

將以上電機需求整理如圖1.6，其中各項限制線是示意圖，實際是被電池、電機、驅控器與控制方法設計所決定。一般而言，小於電池吸收功率與驅控器回收功率的能量，由電機回收，超過部分能量則為機械煞車所消耗。至於轉速過低與超過回收扭力的部分，使用機械煞車。

同樣以車輛運動的觀點，考慮的項目有：
(1) 無論何種情況，絕對不允許後驅動輪打滑。
(2) 煞車力必須滿足法規煞車距離需求。
(3) 煞車系統需考慮不同地面摩擦係數情況下，維持煞車性能。

第一章 電動車動力系統

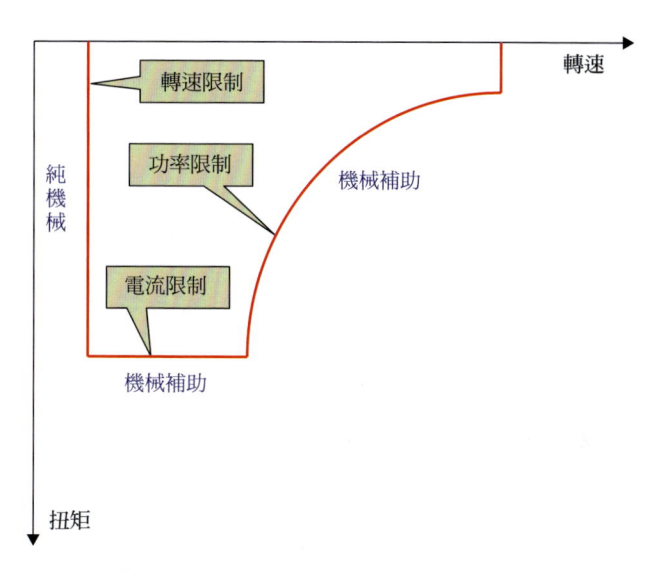

圖 1.6 以電機觀點煞車能量回收與限制

(4) 煞車系統需考慮於空載至滿載,各種輪載分配情況下,維持煞車性能。

(5) 煞車系統需考慮當電動煞車故障時,仍能保持部分煞車性能,即保留機械煞車。

這些因素經車體動力計算,可以畫出如圖 1.7 之允許煞車回收範圍。其中上方橫斜線為後輪抓地力極限,後輪煞車力超過此線將使後輪打滑,右方直斜虛線為前輪抓地力極限,前煞車力超過此線將使前輪打滑。煞車系統設計目標是,後輪不打滑下獲得最大煞車力,考慮不同地面摩擦係數與不同車身載重後,可設計出前後輪煞車力比如中間折線。使用電動煞車回收能量,尤其是低摩擦係數路面時,需確保後輪不會打滑,也就是煞車力量不超過上方橫線。因此煞車回充於前輪還是後輪實

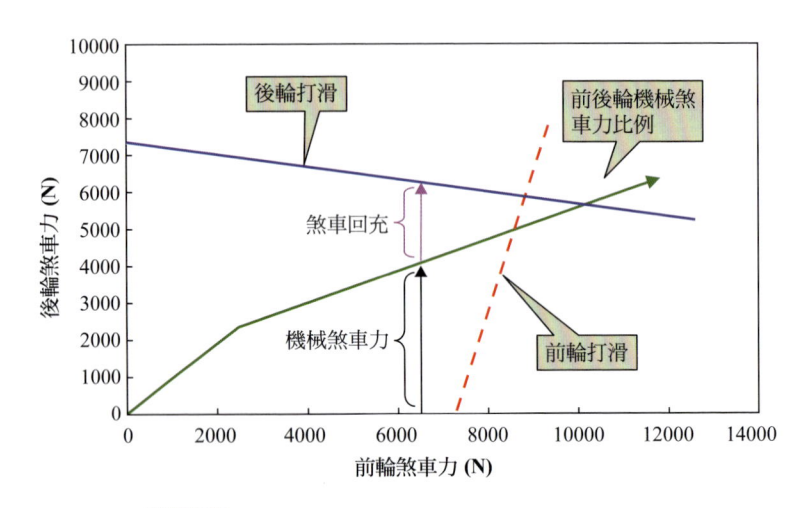

圖 1.7 以車輛觀點煞車能量回收分配與限制

施,以及是純電動煞車還是機械外加電動,對可回收的能量影響很大。真實車輛上的煞車回收系統,還要考慮純電動車輛機械煞車的力量來源與響應,電動煞車失效時,機械煞車是否可及時遞補,是否因轉彎改變輪載分配造成後輪打滑風險,以及人因工程等多項車輛需求,才算完整。

上述舉例說明車用馬達的特性,後面於 6.1 節將介紹如何由消費者的需求,推演至車用馬達定性與定量的產品規格,所需的流程與方法,並於 6.2 節以性能規格為例,說明如何由車輛的性能,透過概念設計、性能模擬,推估出馬達的動力規格。第三章將介紹由馬達規格出發之細部設計事宜。

參考文獻

[1-1] VLE Department, "Global Vehicle Development Process 2.0," SAIC Motor Training Material, Feb. 2009.

[1-2] Bachrach, B. I., "Vehicle Engineering Principles," Ford Vehicle Design Training Material, Apr. 2004.

[1-3] Fuchsloch, J. F., Finley, W. R., and Walter, R. W., "The Next Generation Motor – Designing a New Approach to Improve the Energy Efficiency of NEMA Premium Motors," *IEEE Industry Applications Magazine*, Jan. /Feb. 2008, 37-48.

[1-4] Finley, W. R. and Hodowanec, M. M., "Selection of Copper vs. Aluminum Rotors for Induction Motors," Paper presented at Petroleum and Chemical Industry Technical Conference, San Antonio, TX, Sept. 11-13, 2000.

[1-5] Kirtley, J. L., Cowie J. G., Brush, E. F., Peters, D. T., and Kimmich R., " Improving Induction Motor Efficiency with Die-Cast Copper Rotor Cages," Paper presented at IEEE 2007 Power Engineering Society General Meeting, Tampa, FL, June 24-28, 2007.

第二章

車用驅控器原理

2.1 電機驅動器

2.1.1 功率驅動元件

在功率元件選用上,主要由電壓和電流規格來決定,電流規格上可選擇單個元件符合需求,亦可由多個功率元件並聯。在電壓規格方面,因**絕緣閘雙極電晶體** (insulated gate bipolar transistor, IGBT) 為高壓製程,一般若是電池端電壓大於 150 V,加上安全係數後,多數會採用 IGBT;反之,就會使用**金屬氧化物半導體場效應電晶體** (metal-oxide-semiconductor field effect transistor, MOSFET)。在元件切換特性上,不外乎需要較短的切換時間,即較快的上升與下降時間,如此可降低切換損失,另外較小的導通阻,可降低導通損失。功率元件目前很多已模組化,可選擇兩顆上下臂封裝或是三相六臂封裝,現在亦有和閘極驅動電路及保護功能封裝在一起的智慧型功率模組,模組體積小、功能強,若用於發展成熟之控制技術可以提高功率密度,但相對要有更好的散熱系統。另外,若只有單顆損壞,則必須整個模組替換。反之,兩臂封裝的優缺點恰和上述相反,端看設計者的需求取捨。

在電動車應用上，功率模組產品要有更嚴苛的環境耐受度，而達到這些功能必須藉由封裝技術，除了形成電流通路及外界接頭外，對於內部較脆弱的功率晶體還要進行防水、防塵的保護，並藉由散熱裝置維持功率晶體的合適操作溫度。封裝而成的功率模組再進一步整合智慧電路，形成各種電氣的保護機制，來提高行車安全性。目前功率模組佔馬達驅控器的成本是最高的，而馬達驅控器約佔電動車總成本的 1/10。再者，由於電動車是直接關係到人身安全的運輸工具，因此對於使用壽命和可靠度的品質要求，則比其他工業用元件為高，依據美國汽車電子協會 (Automotive Electronics Council, AEC) 對於汽車級半導體分立器件應力測試認證 AEC-Q101 的要求，車用元件要能滿足更多次數的熱衝擊試驗、熱循環試驗與功率循環試驗，且必須要能夠滿足振動試驗與機械衝擊試驗。

一般而言，MOSFET 用於較低壓的系統，價格也相對於 IGBT 便宜許多，若有大電流需求時可利用 MOSFET 並聯，但並聯時需注意 MOSFET 特性的一致性，建議可以將預計並聯的 MOSFET 進行篩檢，主要是針對導通時電阻值 R_{ds} 進行量測，預計並聯的 MOSFET 必須越相近越好。主要是盡量在驅動時能讓 MOSFET 均流，雖然 MOSFET 具有正溫度係數的特性，當不均流時，流經較大電流的 MOSFET 時，導通阻值會提高，進而流入電流會變小，理論上應可達到自然均流現象，但實際上亦有可能因 MOSFET 品質不良，均流現象無法發揮，長時間的積熱導致損毀。

再者，依 MOSFET 的型式可分為表面黏著式 (surface-mount devices, SMD) 和雙列直插封裝式 (dual in-line package, DIP)，兩

者在**印刷電路板** (printed circuit board, PCB) 焊接方式的不同，因此也有不同的考量點。目前國際上使用 MOSFET 的動力馬達驅控器以 Curtis 及 Sevcon 兩家最為著名。使用 SMD 型式時，一般為了散熱良好，底部會採用鋁基板，成本較高，但對於振動上有良好的抗振能力，另外在**組裝電路板** (PCB assembly, PCBA) 製程檢驗時，需確認元件與鋁基的密合度，排除產生氣泡的可能。使用 DIP 型式時，成本較低但抗振能力較差，另外，使用上也不易並聯，因為並聯多個 MOSFET 散熱系統不易設計。

　　IGBT 具有較高的耐壓特性，廣泛用於大功率的四輪電動車上。目前國際知名車用 IGBT 製造商如 Infineon、Semikron、Mitsubishi 及 Fuji Electric 等。隨著功率密度需求越來越大，各廠商也提出一些小型化或整合型功率模組以因應需求。對驅控器設計者而言，如果 IGBT 模組製造商能提供對應散熱系統方案，將會減少散熱系統設計的時間及可能發生的問題。若沒有提供，亦可尋找其他可提供散熱系統能力的產品來輔助設計。圖 2.1 為市售車用 IGBT 功率模組之功率需求演進圖，在已商業化之複合動力車或電動車中，馬達驅控器趨向採用更高的操作電壓，以較成熟之複合動力車為例，電壓由 200 V 提升至 600 V 以上，較高的操作電壓代表著較佳的轉換效率，但也表示功率元件必須要能承受較高的崩潰電壓。其原因歸納如下：

- 高電壓可提供馬達更高轉速域。
- 在同功率需求下，提高電壓可降低電流，而電流大小影響電力線徑與截面積大小，也影響因電力線產生的損失。

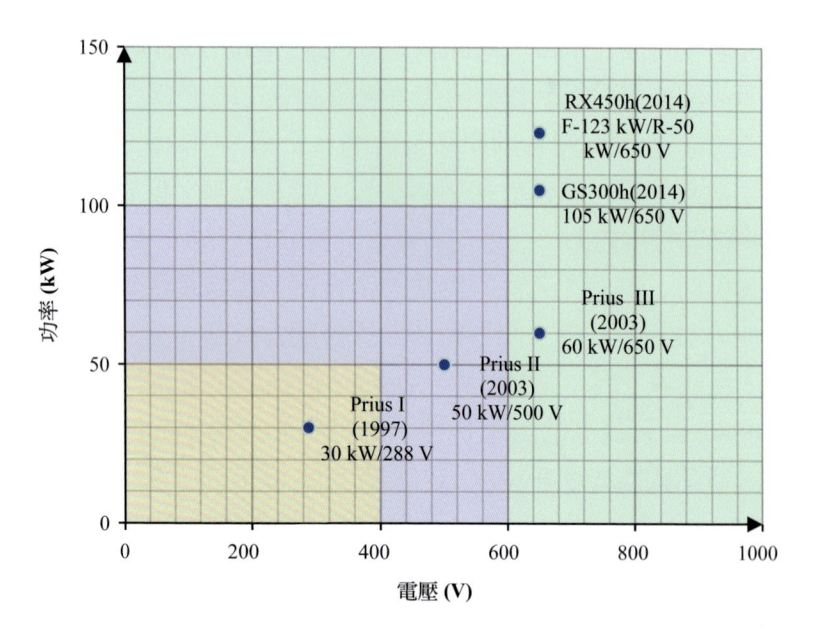

圖 2.1 市售車用 IGBT 功率模組之功率需求演進圖

- 電池電壓不需和驅控器直流匯流排 (DC bus) 上的電壓相同，可透過 DC/DC 轉換器將電池電壓升高，而不需利用電池串聯。
- 以未來趨勢來看，較高耐壓的 IGBT 會比較低耐壓的 IGBT 成本上具有優勢。

未來車用功率模組將持續朝以下技術目標前進，以更符合電動化車輛需求：(1) 更低的導通電阻，(2) 更高的崩潰電壓，(3) 更小的體積，(4) 更優越的散熱性能，(5) 更高的切換速度，(6) 更高的切換頻率，(7) 更好的耐熱能力，及 (8) 更大的耐流能力，以下將說明這些需求與電動化車輛的相關性。

1. 具備更低的導通電阻

較低的導通電阻，意味著當功率開關導通時，可產生較低的導通功率損失，如此可提高驅控器之效率，進而降低電動車能耗。

2. 更高的崩潰電壓

有更高的崩潰電壓，意味著有更高的操作電壓，如此在同功率下，可使用較小的電流，進而可選用線徑較小之電力線；而在電動化車輛應用上，高電壓操作可提供更廣的馬達轉速域，提高電動車的極速；再者，未來高電壓的功率模組在成本上，也比低電壓的功率模組更有優勢。然而更高電壓使用，需注意高壓絕緣的問題。

3. 更小的體積

越小的功率模組體積，意味著有更佳的功率密度，對車輛空間的應用，則會有更好的利用率產生。

4. 更優越的散熱性能

在工業用的場合，功率元件多採用基板(base plate)作為熱傳遞路徑，借由簡單的水冷方式即可滿足需求，但在電動車有限的空間限制下，對於散熱系統效率要求更加嚴格，以目前主要的發展方向來看，都朝向具有低熱阻之功率元件與高效率之散熱冷卻的整合方式設計。以 Infineon 所開發之 HybridPACK^{TM} 系列為例，其加入針形鰭片之設計以增加有效熱傳面積，和原本只採用基板之設計比較下，熱阻減少了約 33%。好的散熱能力，可提高驅控器的額定操作點，因此電動車可在較高的功率輸出持續運作，而不會過熱停機。

5. **更高的切換速度**

    更高的切換速度，意味著有更快的切換上升與下降時間，可減少功率開關在切換時所產生的切換損失，如此可提高驅控器之效率，進而改善電動車能耗。

6. **更高的切換頻率**

    更高的切換頻率，意味著有更低的總諧波失真，如此驅控器效率可提升，再者，操作頻率越高則被動元件的體積選用將會越小，亦可提升整體驅控器功率密度。但值得注意的是，更高的切換頻率，也會換來更多的切換損失，因此兩者需要作好取捨。

7. **更好的耐熱能力**

    功率元件若本身的耐熱能力可提高，意味著可在更高溫的操作條件下運作，換句話說，可提供更高的額定功率操作點，再搭配良好的散熱系統，相輔相成達到最佳額定操作功率，亦即可在較高的功率輸出下持續運作，而不會過熱停機。

8. **更大的耐流能力**

    功率元件若本身的耐流能力可提高，意味著可提供更大的電流值，在電動車的動力馬達應用上，電流和馬達扭力成正比，換句話說，可提供更大的車輛驅動扭力。

2.1.2 電力轉換架構

電動車的關鍵零件組成包含多項電力轉換系統，舉凡直流對直流電力轉換器、直流對交流電力轉換器，及交流對直流電力轉換器。在如此高度依賴的電力轉換中，其中成本最高且最重要的關鍵元件為「功率模組」，而依據轉換功率大小，將決定使用之功率模組大小。直流對直流電力轉換器，主要將高電壓轉換成車用 12 V 低壓系統使用，交流對直流電力轉換器，主要將交流電轉換成直流電，並對電池充電，就是俗稱的車載充電器。但是在電動車所使用的功率模組中，規格最大的即是直流對交流電力轉換器，亦即俗稱的動力馬達驅控器，該驅控器可將儲存在電池組中的電能，轉換成驅動馬達所需之電流。這些電力轉換器常運用半橋式、全橋式或三相式功率開關架構，來配合達成變頻及變電壓的切換控制，如下圖 2.2 所示。而在交流動力馬達控制中，則是使用三相式電力轉換架構，其對應到六顆功率元件，依照向量空間調變等特定的切換控制方式，將直流電轉換成變頻率及變電壓之三相交流電來驅動馬達，如圖 2.3 所示。

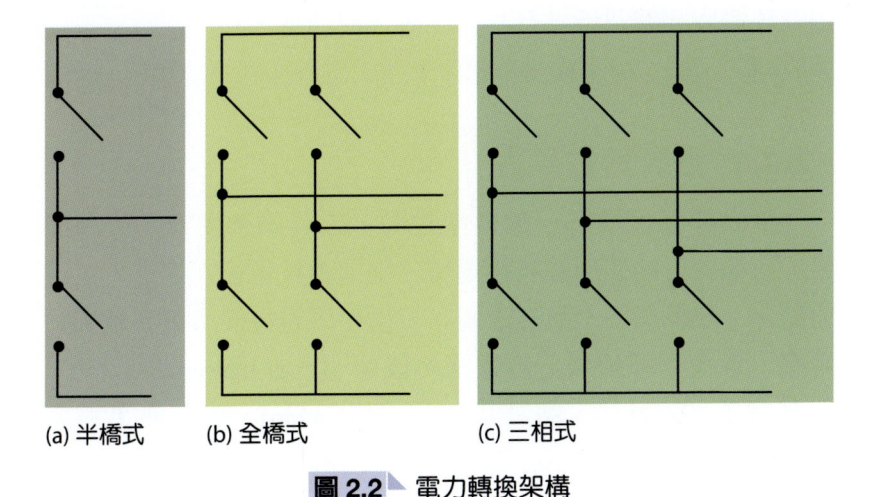

(a) 半橋式　　(b) 全橋式　　(c) 三相式

圖 2.2 電力轉換架構

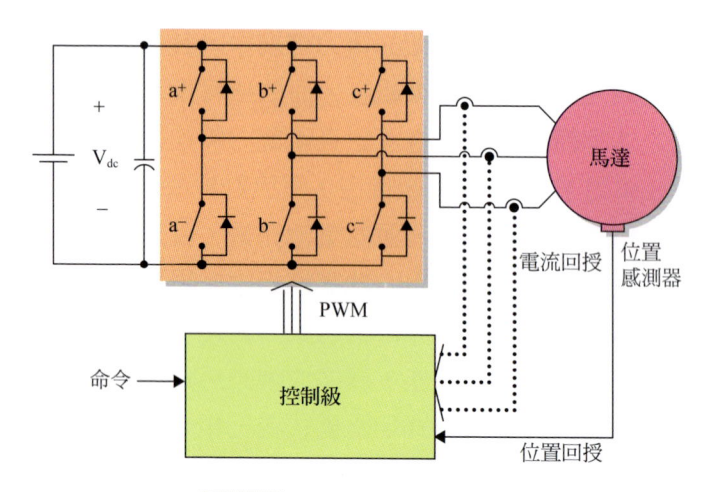

圖 2.3 交流馬達驅動架構

2.2 電機控制器

微處理機扮演著電機控制器中大腦的角色,透過微處理的周邊硬體將相關訊號進行整合、處理與運算,利用運算結果轉換成開關訊號,並驅動功率元件來達成電機控制等功能。

2.2.1 微處理器原理

微處理器可視為一個微型電腦,因其價格便宜、使用簡易,而被廣泛的使用在各樣場域。從消費性電子、家電、工廠自動化、車輛電子、航空設備等,都可以看見使用微處理機的身影,各大半導體製造商如德州儀器 (Texas Instruments, IT)、瑞薩電子 (Renesas)、微晶片科技 (Microchip)、恩智浦半導體 (NXP)、英飛凌 (Infineon) 等,也都各自推出不同架構的微處理器,各種架構的微處理器均有其特色與使用的目標領域。

一般微處理器可區分為三大模塊,分別為中央處理器(CPU)、**記憶體** (memory) 和周邊設備與輸出入端口 (I/O),晶片商各自也會搭配自己的硬體加速模塊,其中三個主要模塊之間則是透過匯流排進行串接操作。

在本文中,使用德州儀器所推出的 TMS570 系列晶片作為介紹的基礎,TMS570 為一款針對車用高功能安全性需求所推出的微處理機,其核心的部分使用安謀公司 (ARM) 所推出的 CPU,該 CPU 具有浮點運算功能 32-bit RISC 的架構,執行速度可達 1.66 DMIPS/MHz。

圖 2.4 為德州儀器 TMS570 系列的微處理器架構範例 [2-1],TMS570 的微處理器 CPU 的部分使用 Coretx-R4,主要記憶體的部分則包含了 128 Kbyte 的隨機存取器 (RAM) 和 1 Mbyte 的**快閃型唯讀記憶體** (flash ROM);周邊設備與輸出入端口則包含了**計時器** (timer) 模組、**數位類比轉換** (analog-to-digital converter, ADC) 模組、**通用輸入輸出** (general input/output, GIO) 模塊、**脈波寬度調變** (pulse width modulation, PWM) 模塊等一些常見的模塊。此外 TMS570 晶片也整合了一些特殊的硬體,例如**模擬型** (emulated) 的**電子抹除式可複寫唯讀記憶體** (electrically-erasable programmable read-only memory, EEPROM) 和**循環冗餘校驗** (cyclic redundancy check, CRC) 模塊,這些特殊的硬體模塊通常在減少 CPU 的負載,例如循環冗餘校驗數值可藉由 CPU 計算而得,但是速度會較慢且浪費額外的 CPU 資源,使用硬體的方式計算則能更快的得到結果,並減少 CPU 的負載。以下會針對中央處理器與記憶體,進行更進一步說明。

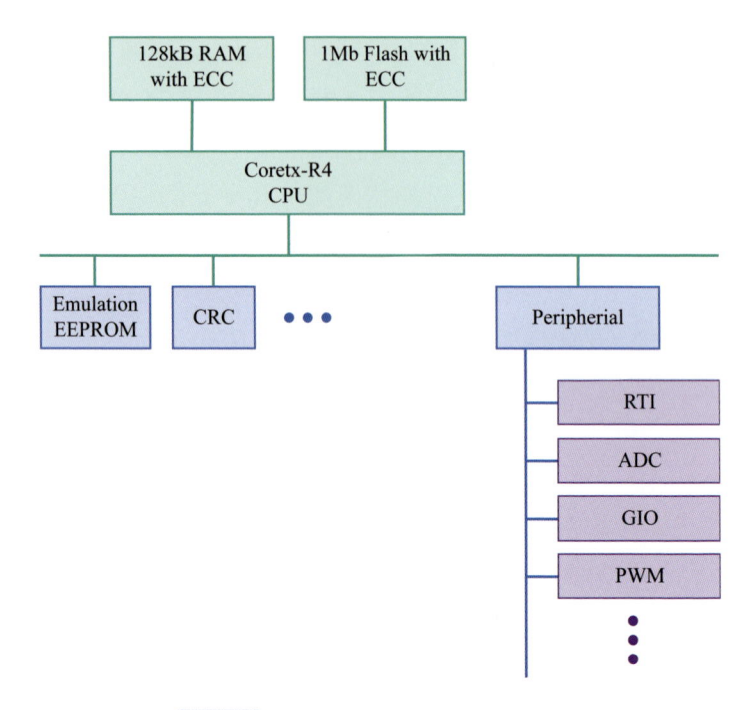

```
┌─────────────────┐    ┌─────────────────┐
│ 128kB RAM       │    │ 1Mb Flash with  │
│ with ECC        │    │ ECC             │
└────────┬────────┘    └────────┬────────┘
         │                      │
         └──────────┬───────────┘
                    │
         ┌──────────┴──────────┐
         │    Coretx-R4        │
         │       CPU           │
         └──────────┬──────────┘
    ┌───────┬──────┼──────┬──────────┐
┌───┴────┐ ┌┴───┐ ...  ┌──┴─────────┐
│Emulation│ │CRC │      │ Peripherial│
│EEPROM   │ │    │      │            │
└─────────┘ └────┘      └──┬─────────┘
                           ├── RTI
                           ├── ADC
                           ├── GIO
                           ├── PWM
                           ⋮
```

圖 2.4 TMS570 微處理器架構範例

- 中央處理器

中央處理器一般可分為**精簡指令集** (reduced instruction set computing, RISC)和**複雜指令集** (complex instruction set computing, CISC) 兩種架構，一開始的處理器多為 CISC 架構，由於早期多是使用組合語言撰寫程式，為了方便開發，CISC 架構的 CPU 提供許多複雜動作的指令，使用者只需要一個指令就可以讓 CPU 執行一連串複雜的動作。RISC 架構與 CISC 架構相比，則相對提供較少的指令，但是由於指令的長度固定，所以方便指令的執行與**管線** (pipeline) 化，因此 RISC 對於指令的執行效率較佳，但是代碼的密度會較低。

此外，除了使用指令集來區分 CPU 架構，還有另一種依據指令記憶體與資料記憶體位置來區分，這種方式將 CPU 區分為**范紐曼架構** (Von Neumann architecture) 和**哈佛架構** (Harvard architecture)，范紐曼架構的指令記憶體與資料記憶體使用同一個匯流排，因此不能同時使用指令與資料；而在哈佛架構底下，則可同時進行指令與資料的讀取，並透過管線化的方式預讀指令來達到性能優化。而 TMS570 就是使用 RISC 架構的 CPU。

- 記憶體

主要記憶體的部分則可再細分為**隨機存取器** (random access memory, RAM) 和**快閃型** (flash) 唯讀記憶體 (read-only memory, ROM)。RAM 的部分主要是存放執行階段的變數狀態，例如**程式堆疊** (stack)、**全域變數** (global variable)、**區域變數** (local variable) 等資料，斷電後無法保存記憶體狀態；而快閃型唯讀記憶體則主要是存放執行程式與資料的位置，在系統斷電後依然能保持記憶狀態。

圖 2.5 為 TMS570 晶片的記憶體配置圖，其中 0x0000000~0x000FFFFF 區間就是所謂的 Flash ROM，我們所撰寫的程式與程式中的一些常數、資料庫、參數等都會被放置在這個區域；0x08000000~0x0801FFFF 區間就是所謂的 RAM，主要存放程式執行階段的變數；0xFC000000~0xFFFFFFFF 區間則是放置一些與周邊相關的寄存器，當我們需要配置周邊功能就是一定要操作這一個區間的記憶體。例如，我們在設定 PWM 的週期與頻率，或是設定 ADC 的轉換條件時，都是需要操作這個部分的記憶體。

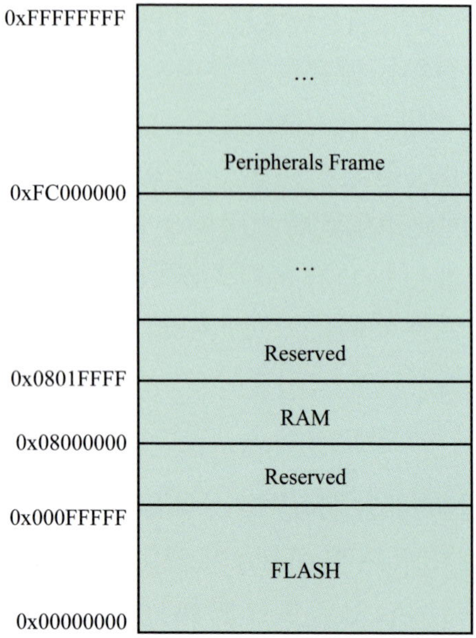

```
0xFFFFFFFF
              ...
              Peripherals Frame
0xFC000000
              ...
              Reserved
0x0801FFFF
              RAM
0x08000000
              Reserved
0x000FFFFF
              FLASH
0x00000000
```

圖 2.5 TMS570 記憶體配置圖

2.2.2 微處理機中斷配置

　　微處理器的中斷管理與配置對於整個系統的運作有很大的影響，一般而言，一個微處理器會有許多的中斷來源，例如由 CPU 所發出的中斷、計時器所發出的中斷、數位類比轉換模塊的中斷等，各周邊模塊都能發出中斷請求，這些中斷會由中斷向量表來進行分配，以執行對映的函數。大部分的中斷都會有一個預先設定的優先等級，當系統處於重置的狀態時，每個中斷源會先賦予預先設定的優先等級，後續再由使用者自行設定中斷的優先等級。當不同中斷同時發生時，高優先等級的中斷源會被先處理；如果是在允許巢狀中斷的晶片，低優先級的中斷也能被高優先級的中斷所插入。

微處理機的中斷也與程式的執行有很大的關聯，在不使用作業系統的狀況下，通常會利用計時器中斷來達到任務的排程與調度。在一般常見的電機控制器，通常會設置兩組或是兩組以上的中斷：第一組中斷通常是用來觸發慢速執行的任務，例如**控制器區域網路** (controller area network, CAN) 通訊、使用者介面訊號讀取、溫度保護診斷等，無須高速執行的函數，這類中斷通常由計時器來觸發。第二組中斷則是用來執行高速的任務，例如馬達控制演算法的執行、過電流保護策略的實現等，這類需要被即時更新的策略，這類中斷通常由 PWM 模塊或是 ADC 模塊來觸發。

圖 2.6 為 TMS570 的中斷架構示意圖。當周邊模塊發生中斷時，會先對**虛擬輸入輸出模塊** (virtual I/O module, VIM) 進行中

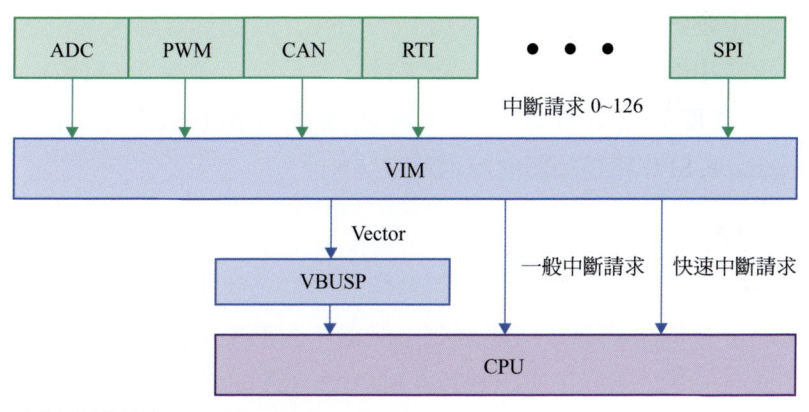

虛擬匯流排管線 (virtual bus pipeline, VBUSP)
序列傳輸周邊介面 (serial peripneral interface, SPI)

圖 2.6 TMS570 中斷架構示意圖

斷請求，VIM 模塊為 TMS570 中管理中斷優先級與中斷向量的模塊，當 VIM 模塊收到中斷請求時，則會依據中斷的來源和優先級，將分配的結果告知 CPU，由 CPU 進行執行指令的跳轉與推疊的保存。Cortex R4 提供了兩種中斷服務，分別為一般中斷請求 (IRQs) 與快速中斷請求 (FIQs)。CPU 收到兩種中斷情求，就會進入到不同的模式，在 FIQ 模式底下比 IRQ 模式多了幾個獨立寄存器，透過這幾個寄存器，可減少進入與退出中斷的時間。

》2.2.3 微處理機周邊介面與 I/O 介面

微處理器的周邊介面通常會依據應用產品線的不同而有所差異，例如，進行電機控制的微處理器會具有較多的 PWM 通道，而進行車體控制的微處理器會由一些特殊的 CAN 或是區域性互連網 (local interconnect network, LIN) 作通訊介面。在本章節中會依據電機控制所常用到的周邊介面進行介紹，其中包含即時中斷 (real-time interrupt, RTI)、數位類比轉換器 (ADC)、脈波寬度調變 (PWM)、序列傳輸周邊介面 (serial peripheral interface, SPI) 和控制器區域網路 (CAN)。

- 通用輸入輸出 (GIO)

GIO 模塊為一個通用功能的輸入與輸出管理模塊，一般用來進行數位訊號的輸出與讀取，例如，我們要致能繼電器、點亮燈泡、或是讀取按鈕訊號時，就會使用到 GIO 模塊。如圖 2.7 所示，GIO 模塊通常會包含幾種基本的寄存器，(1) 控制方向的寄存器；(2) 控制提升電阻寄存器；(3) 設定腳位準位的寄存器；

第二章 車用驅控器原理

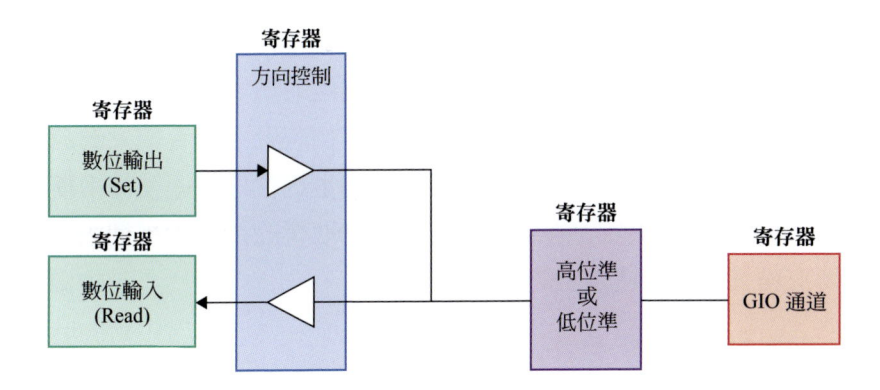

```
      寄存器
      方向控制
寄存器
數位輸出
 (Set)
                        寄存器          寄存器
寄存器                   高位準
數位輸入                   或           GIO 通道
 (Read)                 低位準
```

圖 2.7 GIO 模塊示意圖

(4) 讀取腳位準位的寄存器等,透過寄存器的讀取與寫入就能控制腳位的行為。

- **即時中斷 (RTI)**

　　RTI 模塊是一個用來產生周期性中斷的軟體模塊,主要用在配置作業統的**時脈** (tick),或是產生周期性的中斷來觸發相關的應用程式任務。RTI 模塊係由一個自由上數的計數器和一個比較器所組成,使用者透過設定計數器上數的頻率和比較器的數值來產生周期性的中斷。

- **數位類比轉換器 (ADC)**

　　ADC 模塊為微處理器中一個相當重要的模塊,ADC 模塊主要在進行類比訊號的取樣並轉換成數位數值,在電機控制中,電流感測器的取樣、電壓感測器的取樣、溫度感測器的取樣等都需要透過 ADC 模塊來完成。

　　TMS570 有兩個 ADC 模塊,分別為 ADC1 與 ADC2,這兩個模塊都有獨立的轉換器可同時進行轉換。TMS570 ADC 模塊的取樣與轉換有許多種機制，例如單次轉換模式、連續轉換模式、觸發轉換模式等，每種模式都有適用的情境。以連續轉換模式為例，它適用在不需要被同步且取樣時序不影響結果的感測器，其中溫度感測器的量測通道就相當適合這種連續轉換模式，而電流與電壓這些需要在特定時間取樣的感測器，則適合單次轉換或是觸發轉換的模式。

- **脈波寬度調變 (PWM)**

　　PWM 模塊在電機控制器中扮演控制 IGBT 輸出的角色，藉由調整輸出脈波寬度的大小，能決定電源輸出到電動機的電壓，一般要完成 PWM 的控制需要進行幾種設置；(1) 上限點與比較點的設置；(2) 控制計數器計數的方式，例如上數、下數或是上下數；(3) 計數器的重置方式，例如，當計數器碰到上限點時重置或是碰到上限點時開始下數；(4) 如果是互補型的 PWM，則還需要設定**空檔時間** (dead time)；(5) 如果是多組 PWM 同時輸出，則還需要額外設定彼此的同步關係；(6) 最後則是觸發中斷條件的設置。

　　圖 2.8 為 PWM 模塊的概念圖，計數器由零開始上數，當第一次碰到比較點時，輸出的狀態由低準位轉換至高準位；而當計數器碰到上限點時，開始進行反轉下數；當計數器再次碰到比較點時，則將輸出位準由高準位再次轉換至低準位，如此循環則可完成 PWM 的控制輸出。

- **控制器區域網路 (CAN)**

　　CAN 網路被廣泛的運用在車輛電子，CAN 網路提供高效率且具備偵錯與優先等級的判斷機制，提供可靠的訊號傳輸。

第二章 車用驅控器原理

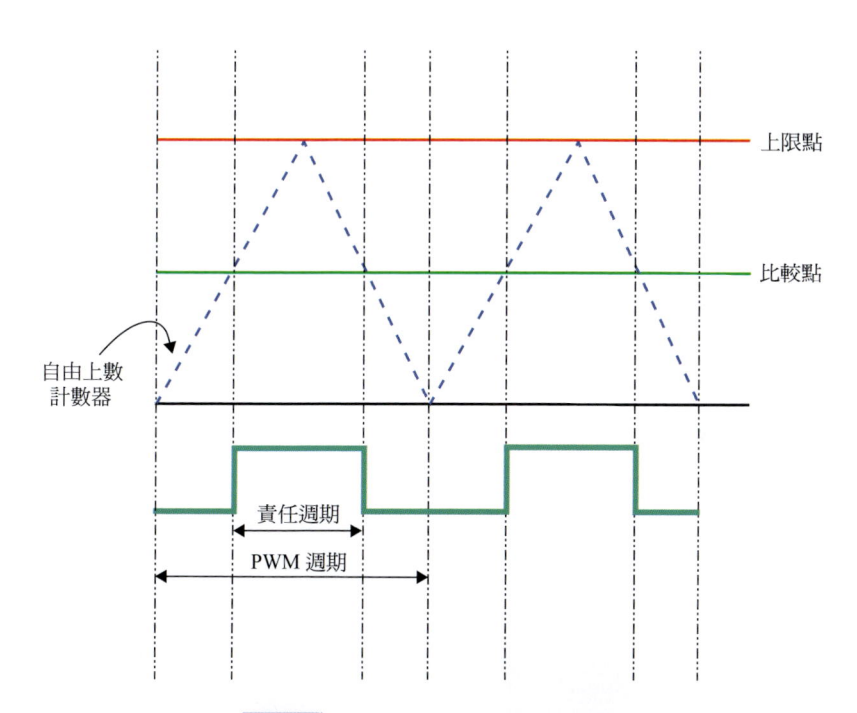

圖 2.8 PWM 模塊的概念示意圖

CAN 網路的物理層實現 CAN H 與 CAN L 兩條銅線對絞來傳送差動訊號，在不同的傳輸速率能有不同的傳輸長度。以一般車輛常用的每秒 500 KB 和 250 KB 的傳輸速率而言，訊號可傳送的距離長達 100 m 和 250 m。

CAN BUS 目前有兩個版本分別為 2.0A 和 2.0B，主要的差異在於 CAN 報文的 ID 長度，在 2.0A 中**識別符**(identifier, ID)為標準長度 11 bits，而 2.0B 的 ID 長度為 29 bits，CAN BUS 會傳送數種訊號包含**資料格式**(data frame)、**遠程格式**(remote transmit request frame)、**錯誤格式**(error frame) 和**過載格式**(overload frame)，最常使用的是用來傳送數據的資料格式。在微

處理機中使用 CAN 模塊一般有幾個步驟,首先為設定 CAN 的**波特率** (baud),接著將 CAN 切換至正常模式,最後則是設定每個報文信箱 (mailbox) 參數,然後開始進行訊號的傳輸與接收。

2.3 車輛電動機控制

電動車輛行駛時,動力輸出主要是由前進、倒退、加速與減速之操作行為組合而成。為了滿足車輛行駛需求,車輛電動機應具備之動力操作區域,如圖 2.9 所示,電動機控制需根據不同操作區域進行不同的控制法則;當車輛前進加速時,電動

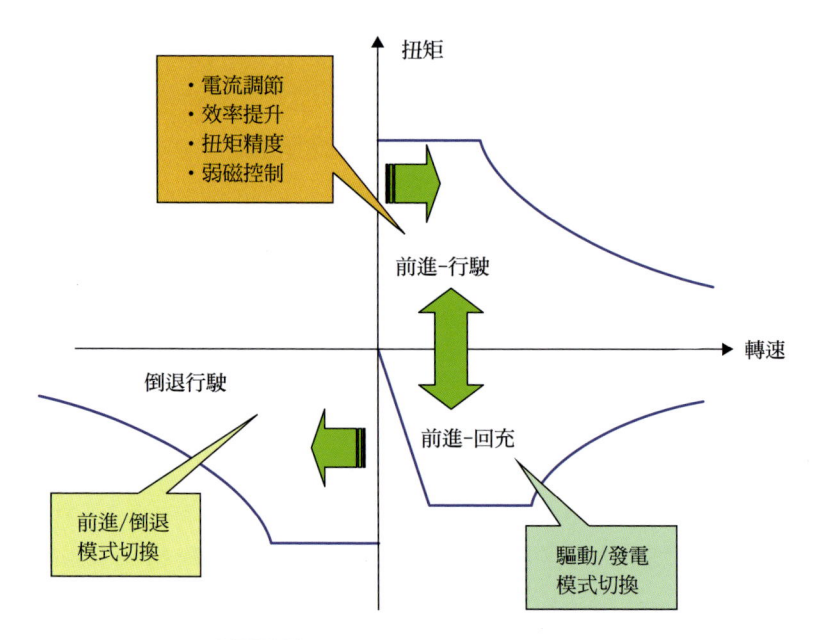

圖 2.9 車輛電動機動力操作區域

機輸出正扭矩與正轉速，此時電動機控制乃根據前進加速需求（正扭力命令），進行扭力控制，且控制效果需同時達成高效率、高精確度、及高延伸轉速域等目標，提升車輛續航力、行駛舒適性與性能；當車輛前進減速時，電動機輸出負扭矩與正轉速，此時電動機控制，乃根據整車控制器下達的電磁煞車命令，來進行發電控制，該控制應確保驅動狀態轉為發電狀態過程輸出扭矩的平順性；當車輛倒退時，電動機輸出負扭矩與負轉速，此時電動機控制乃根據倒退加速需求（負扭力命令），進行扭力控制。

▶2.3.1 控制架構

電機控制器控制架構如圖 2.10 所示，根據**整車控制器**(vehicle control unit, VCU) 所發送的扭力命令與行駛模式（前進模式、倒退模式、發電模式），電機控制器進行不同模式下的

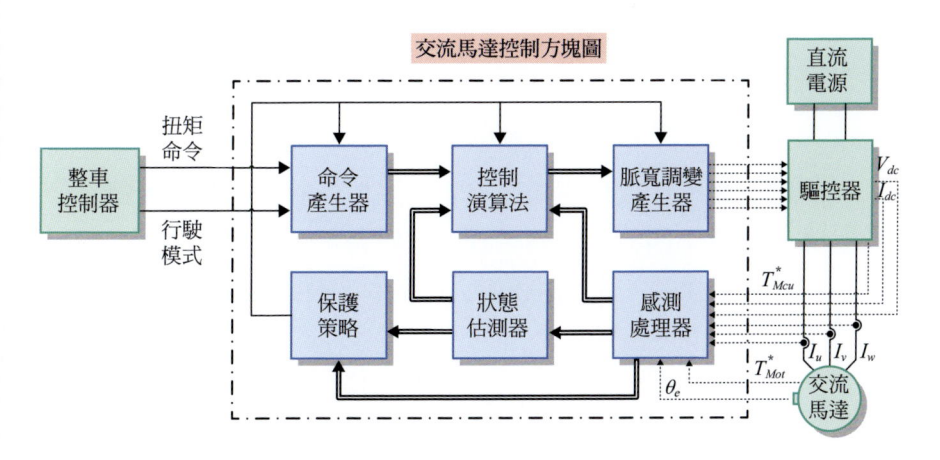

圖 2.10 ▶ 車載電機控制架構

動力輸出，根據車輛實務運用下，控制架構可細分為六組功能模塊，各模塊功能描述如下：

1. **命令產生器**：接收整車控制器的扭力命令與行駛模式，並計算電機控制所需的相關命令，如電流命令與磁通命令，常見方式為二維電流建表、物理模型演算。

2. **控制演算法**：接收電流命令以及感測器回授訊號，計算馬達三相電壓調變命令，常見方式為六步方波控制、弦波向量控制、直接轉矩控制等。

3. **脈寬調變產生器**：接收三相電壓調變命令，與三角載波進行比較，產生三相六臂脈寬調變訊號，並設定空檔時間防止同相上下臂同時導通。

4. **感測處理器**：接收控制器所有感測器訊號，如：電壓、電流、溫度、角度等資訊，並處理為物理訊號以提供對應功能模塊計算。

5. **狀態估測器**：根據回授訊號進行控制相關的狀態估測，如：扭矩估測、轉速估測與磁通估測等。

6. **保護策略**：接收感測處理器訊號進行控制器故障診斷與處置，根據不同的故障嚴重程度，以警示燈、降載與斷電等方式進行保護，常見保護如：過溫度、過電壓、過電流保護等。

2.3.2 控制法則

一、六步方波控制

在輕型電動車載具的應用上（如：電動機車），因直流無刷電機具有成本低與控制複雜度低的優勢，經常應用為輕型載具的動力源。由於直流無刷電機具有梯形波反電動勢特徵，控制策略採用六步方波控制為常見的實現方式，如圖 2.11 所示。六步方波控制演算法可區分為四組模塊，各模塊功能描述如下：

1. **電流調節器**：接收電流命令 I_s^*、電流回授 $\hat{I}_s$ 與重置訊號 Rst，進行電流閉迴路演算，獲得調變電壓值 V_s，常見作法如 PID (proportional, integral, and derivative) 控制器及前饋補償控制。

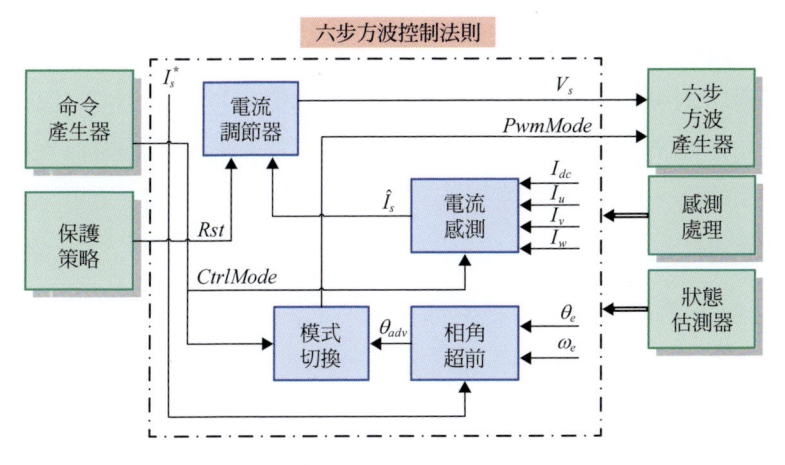

圖 2.11 六步方波控制策略

2. **電流感測**：接收感測處理器的電流封包訊號，如：三相電流 I_u、I_v、I_w 與直流側電流 I_{dc}，並接收控制模式 CtrlMode，進行閉迴路控制回授電流 $\hat{I}_s$ 演算，一般方波控制僅回授直流側電流即可達成控制目的，若考慮進階的控制應用，如方波與弦波控制整合，則需額外回授三相電流訊號。

3. **相角超前**：接收電氣角度 θ_e、電氣轉速 ω_e 與電流命令 I_s^*，進行超前角度 θ_{adv} 演算，常見計算方法為二維弱磁向量演算表。

4. **模式切換**：接收超前角度 θ_{adv} 與控制模式 CtrlMode，進行脈寬調變模式 PwmMode 演算，根據不同的控制模式，如正轉驅動、正轉發電與反轉發電，對應不同的六步方波脈寬調變的切換模式。

二、弦波向量控制

現今電動車應用中，永磁同步電機與感應電機為市面上普遍應用的動力系統，考量電機特性及性能，控制策略採用磁場導向控制 (field-oriented control, FOC) 為常見的實現方式，如圖 2.12 所示。FOC 弦波控制演算法可細分為五組模塊，各模塊功能描述如下：

1. **電流調節器**：接收電流命令 I_{qs}^{e*}、I_{ds}^{e*}、電流回授 $\hat{I}_{qs}^{e}$、$\hat{I}_{ds}^{e}$ 與重置訊號 Rst，進行電流閉迴路演算，獲得調變電壓值 V_{o1}^{e*}、V_{o2}^{e*}，常見作法如 PID 控制器及前饋補償控制。

2. **電壓解耦器**：接收調變電壓值 V_{o1}^{e*}、V_{o2}^{e*}、電流回授 $\hat{I}_{qs}^{e}$、$\hat{I}_{ds}^{e}$ 與電氣轉速 ω_e，計算解耦合電壓命令 V_{qs}^{e*}、V_{ds}^{e*}，因解耦合計

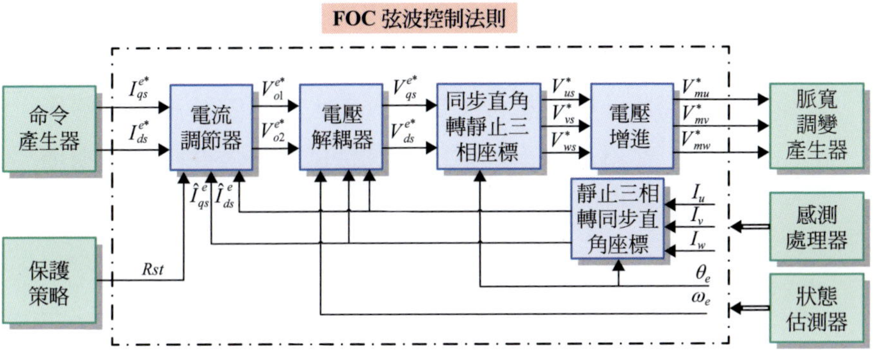

圖 2.12 FOC 弦波控制策略

算是由馬達動態模型推導而來，故計算方法與馬達種類與參數相關。

3. **靜止三相轉同步直角座標**：接收三相電流 I_u、I_v、I_w 與電器角度 θ_e，計算得同步直角座標電流回授 $\hat{I}_{qs}^e$、$\hat{I}_{ds}^e$，此為 FOC 弦波控制的必要模塊。

4. **同步直角轉靜止三相座標**：接收解耦合電壓命令 V_{qs}^{e*}、V_{ds}^{e*} 與電氣角度 θ_e 計算得三相電壓命令 V_{us}^*、V_{vs}^*、V_{ws}^*，此為 FOC 弦波控制的必要模塊。

5. **電壓增進**：接收三相電壓命令 V_{us}^*、V_{vs}^*、V_{ws}^*，計算得三相調變電壓命令 V_{mu}^*、V_{mv}^*、V_{mw}^*，常見作法如：空間向量 (space vector PWM, SVPWM) 與三次諧波注入。

當開發者決定控制架構與演算法後，如何達成整車需求性能即成為重要議題。若要提升電動車輛續航力，則控制器需確保動力系統輸出與發電皆能維持高效率；若需要提高電動車輛的最高車速，則控制器需確保動力系統能夠輸出電壓限制下的最高轉速。因此，控制調校上以引入最大扭矩安培法則及最大扭矩磁通法，作為提高車輛性能的調校法則。下面將分別對這兩個法則進行說明：

最大扭矩安培法則 (maximum torque per ampere, MTPA)

若已知欲達到的扭矩為 T，由圖 2.13 可看出在定扭矩曲線上的電流向量皆可達到定扭矩輸出。為了使馬達的損失為最

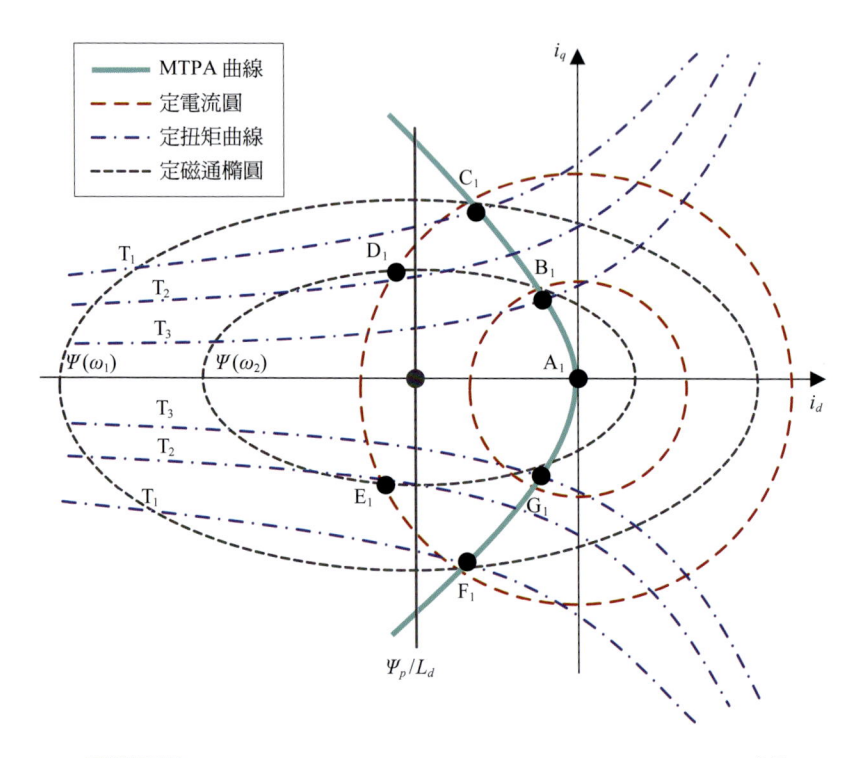

圖 2.13 i_d, i_q 平面馬達特性曲線 (其中 $T_1 > T_2 > T_3, \omega_1 < \omega_2$) [2-2]

小，在選擇電流向量時，選擇振幅最小的電流向量將可達到最好的驅控效率。在定扭矩的範圍中，轉速低於額定轉速 ω_1，馬達可操作區域並不會被直流鏈電壓或磁通所限制，只有被最大電流所限制，因此給定一個欲達到的扭矩，從圖中即可以找出振幅最小的電流向量點，此點為定扭矩曲線上和原點 (0,0) 距離最短的點。將不同的定扭矩對應之最小電流向量點連線，即為 MTPA 曲線，如圖中 F_1-G_1-A_1-B_1-C_1 所示。

最大扭矩磁通法則 (maximum torque per flux, MTPF)

在定子電流 i_d, i_q 平面上所繪之交流馬達特性曲線，圖中圓形為定電流圖形，虛線畫成的橢圓分別是根據在轉速 ω_1 和 ω_2 下的最大磁通圖形。點虛線的部分為定扭矩曲線。當轉速高於額定轉速 ω_1 時，馬達可操作區域將受限於直流鏈電壓的大小。假設圖 2.13 中的馬達以轉速 ω_2 轉動。在直流鏈電壓為定值的情況下，其有效磁通被限制在 $\Psi_{max}(\omega_2)$ 以內。在較低的扭矩命令下（小於 T_3），MTPA 操作點仍然落在可操作的區域。但是當扭矩命令等於 T_3 時，操作點將被最大的臨界磁通限制。若要達到更高的扭矩輸出 (T_2)，就必須沿著定磁通的橢圓曲線邊界，往負增量的弱磁電流 i_d 方向移動。最大的扭矩發生的電流向量點，位於定磁通的橢圓形和最大電流圓形的交點，因此在轉速 ω_2 下，最佳的電流操作曲線為 E_1-G_1-A_1-B_1-D_1。

由上述例子可知，當轉速高於額定轉速時，MTPA 無法達到最大的扭矩輸出，可改用 MTPF 的方式找到適當的電流向量達到更高的扭矩輸出。在轉速 ω_4 的磁通限制下，MTPF 的曲線如圖 2.14 中的 F_2-C_2-B_2-E_2 曲線所示。在 ω_5 的限制下，MTPF 的電流曲線為 C_2-B_2。

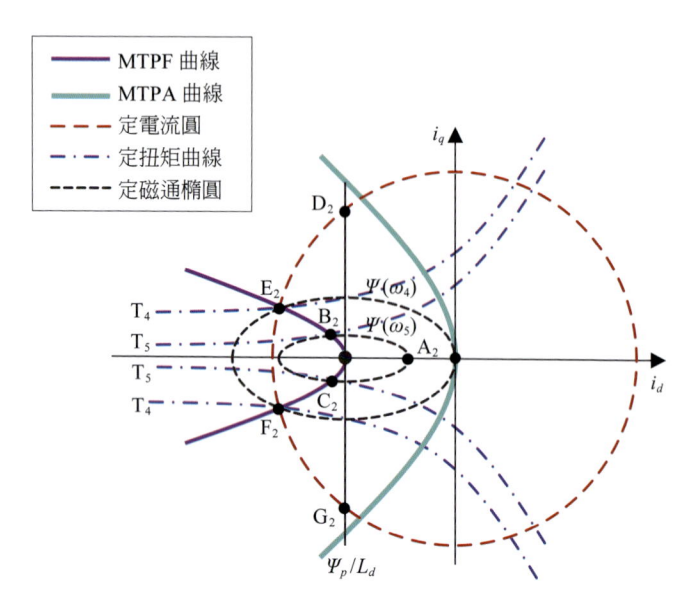

圖 2.14 i_d, i_q 平面馬達特性曲線 (其中 $T_4 > T_5, \omega_4 < \omega_5$) [2-3]

　　本章節介紹動力馬達驅控制器之基礎設計理念與方法，依據車輛動力以及功能需求，進行動力控制器軟硬體設計考量，從基礎關鍵功率元件選用、電力架構說明、微處理機原理到馬達控制方法，介紹一系列完整基礎動力控制器開發流程。除了動力驅動性能要求外，電動車用控制器之設計應需符合操作環境溫 / 濕度、電磁干擾以及振動等的驗證，方能應用在不同的行動載具車型中。綜言之，動力馬達控制器需具備高效率及高功率密度的特性，輔以車輛安全保護及診斷功能，方能滿足基本動力馬達控制器之需求。

參考文獻

[2-1] Texas Instrument, "TMS570LS1114 16- and 32-BIT RISC Flash Microcontroller (Rev. B)," Texas Instrument, accessed Oct. 2018, http://www.ti.com/lit/ds/symlink/tms570ls1114.pdf.

[2-2] Kim, S., Yoon, Y. D., Sul, S. K., and Ide, K., "Maximum Torque per Ampere (MTPA) Control of an IPM Machine Based on Signal Injection Considering Inductance Saturation," *IEEE Transactions on Power Electronics* 28(1): 488-497, 2013, doi: 10.1109/TPEL.2012.2195203

[2-3] Toosi, S., Mehrjou, M. R., Karami, M., and Zare, M. R., "Increase Performance of IPMSM by Combination of Maximum Torque per Ampere and Flux-Weakening Methods," *ISRN Power Engineering* 2013: 1-10, 2013, https://doi.org/10.1155/2013/187686.

第三章

電機設計與分析

本章介紹感應馬達基本電路與磁路觀念,由**零維度** (zero-dimensional, 0D) 初步設計,進入**一維度** (one-dimensional, 1D) 的進階設計,作為**二維度** (two-dimensional, 2D) 或**三維度** (three-dimensional, 3D) 有限元素法的細部設計與分析。由 0D 初步設計會得到馬達基本尺寸,並能得到馬達性能的平均值。1D 進階設計可以得到馬達進一步細部尺寸,並得到馬達性能在氣隙中的分佈值,若能配合最佳化設計工具,更可得到馬達尺寸與性能最佳設計的結果。2D/3D 細部設計可以獲得馬達細部尺寸、性能分析、以及進一步的最佳化設計,在馬達製造前作完整的性能評估與驗證。

3.1 感應馬達基本觀念

3.1.1 定子感應電動勢

以三相二極馬達為例,如圖 3.1。假設在高頻諧波忽略的情況下,a 相電流產生的**磁動勢** (magnetomotive force, mmf) 為

$$\Im_a(x,t) = \Im_m \cos(\omega t)\cos(\frac{\pi}{\tau_p}x) \text{,(在 } a \text{ 相磁軸看 } \Im_a) \quad (3.1)$$

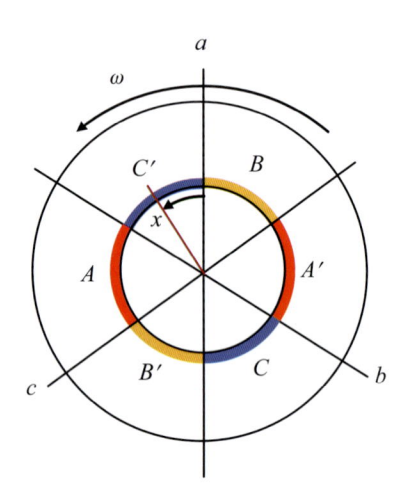

圖 3.1 三相二極馬達繞線示意圖

其中 ω (=$2\pi f$) 為定子磁場電氣轉速，f 為電氣頻率，τ_p 為**極距** (pole pitch)，x 為沿氣隙圓周的座標。磁動勢峰值為

$$\Im_m = \frac{4}{\pi} k_w \frac{N_t}{p} I \tag{3.2}$$

其中 k_w 為**繞線因數** (winding factor)，N_t 為單相匝數，I 為相電流峰值，p 為**極數** (number of poles)。**常數** ($4/\pi$) 是因為磁動勢原來近似方波，取傅立葉級數基頻後，基頻弦波的峰值為方波的 ($4/\pi$) 倍。

由於氣隙磁動勢與**磁通密度** (flux density) 的關係為

$$B_m = \mu_0 \frac{\Im_m}{\delta} \tag{3.3}$$

其中 δ 為氣隙長度，μ_0 為空氣導磁係數，如表 3.1。因此 a 相的

第三章 電機設計與分析

磁通密度分布可表示為

$$b_a(x,t) = B_m \cos(\omega t)\cos(\frac{\pi}{\tau_p}x) \tag{3.4}$$

其中 ($\pi x/\tau_p$) 為沿著氣隙圓周的電氣角 θ。同理，b 相與 c 相的磁動勢為

$$\Im_b(x,t) = \Im_m \cos(\omega t - 120°)\cos(\frac{\pi}{\tau_p}x - 120°)，（在 b 磁軸看 \Im_b）$$

$$\tag{3.5}$$

$$\Im_c(x,t) = \Im_m \cos(\omega t - 240°)\cos(\frac{\pi}{\tau_p}x - 240°)，（在 c 磁軸看 \Im_c）$$

$$\tag{3.6}$$

由於總磁動勢為

$$\Im_r = \Im_a + \Im_b + \Im_c = (3/2)\Im_m \cos(\omega t - \frac{\pi}{\tau_p}x) \tag{3.7}$$

總磁通密度分布則為

$$b(x,t) = (3/2)B_m \cos\left(\omega t - \frac{\pi}{\tau_p}x\right) \tag{3.8}$$

在某特定時間，例如使 $t=0$，磁通密度分布可表示為電氣角 θ 的函數

$$b(x,0) = B_p \cos\theta \tag{3.9}$$

其中 B_p ($=3B_m/2$) 為磁通密度峰值。單極的**總磁通** (flux) 則可計算為

$$\Phi = \int B_p \cos\theta dA = \int B_p \cos\theta(\frac{D_g}{2}L_s)d\theta$$
$$= \frac{D_g L_s}{2}\int_{-\pi/2}^{\pi/2} B_p \cos\theta d\theta = D_g L_s B_p \qquad (3.10)$$

其中 D_g 為氣隙直徑，L_s 為定子長度。對於一個 p 極的馬達，單極總磁通則變成

$$\Phi = \frac{2}{p} D_g L_s B_p \; , \qquad (3.11)$$

因為多極馬達的單極面積只是相同半徑馬達的 $(2/p)$。

當氣隙旋轉磁通鏈結定子繞線時，磁通鏈為

$$\lambda = N_t \Phi \cos\omega t \qquad (3.12)$$

假設附在轉子上的動座標系統為 ($\vec{e}_d, \vec{e}_q, \vec{e}_z$)，磁通鏈可表示為向量 $\vec{\lambda} = N_t \Phi \vec{e}_d$。由法拉第定律得到感應電動勢

$$\begin{aligned}\vec{e} &= -\frac{d\vec{\lambda}}{dt} = -\frac{d(N_t\Phi)}{dt}\vec{e}_d - N_t\Phi\vec{\omega}\times\vec{e}_d \\ &= -N_t\frac{d\Phi}{dt}\vec{e}_d - N_t\Phi\omega\vec{e}_q \\ &= \vec{E}_d + \vec{E}_q\end{aligned} \qquad (3.13)$$

其中第一項為**變壓器電壓** (transformer voltage)，第二項為**速度電壓** (speed voltage)，當磁通為常數時，$\vec{E}_d = 0$，各相的感應電動勢則為

$$\vec{E}_q = -N_t \Phi \omega \vec{e}_q \tag{3.14}$$

因此,相感應電動勢的峰值及均方根值分別為

$$E_{max} = N_t \Phi \omega = 2\pi f N_t \Phi \tag{3.15}$$

$$E_{rms} = \frac{2\pi}{\sqrt{2}} N_t \Phi f = 4.44 f N_t \Phi \tag{3.16}$$

若加入繞線因數 k_w (winding factor),各相感應電動勢的均方根值為

$$E_{rms} = 4.44 \, k_w \, f N_t \Phi \tag{3.17}$$

或為

$$E_{rms} = \frac{2 \times 4.44}{p} k_w \, f N_t D_g L_s B_p \tag{3.18}$$

3.1.2 轉子感應電動勢與輸出力矩

鼠籠式轉子上的感應電動勢也是由**法拉第定律** (Faraday's law of induction) 推導產生。當 $x=\tau_p/2$,(3.8) 可簡化為

$$b = B_p \sin \omega t \tag{3.19}$$

如圖 3.2,在 $t=t_0$,磁通密度分布函數上某特定點的值為

$$b_0 = B_p \sin \omega t_0 \tag{3.20}$$

在鼠籠棒上感應出的電壓為

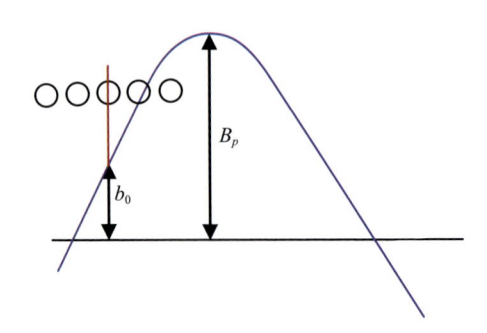

圖 3.2 氣隙磁通密度函數相對鼠籠轉子的關係

$$E = LV_m b_0 \tag{3.21}$$

其中 L 是鼠籠棒的長度，V_m (m/s) 是氣隙磁場相對轉子的運動速度。感應馬達為非同步馬達，轉子轉速與定子電磁轉速之間有一個滑差 (slip)，定義為

$$s = \frac{\omega_s - \omega_r}{\omega_s} \tag{3.22}$$

其中 $\omega_s=2\omega/p$ 為定子磁場**同步轉速** (synchronous speed)，或簡稱定子轉速，ω_r 為轉子機械轉速，單位都是 rad/s。

如果忽略漏磁，漏磁電感為零，則轉子**電抗** (reactance) 為純電阻。若 R 代表鼠籠棒與兩端短路環形成迴路的電阻值，單一鼠籠棒的感應電流計算如下

$$i = \frac{1}{R} LV_m b_0 \tag{3.23}$$

此電流在磁場中，作用在單一鼠籠棒上的電磁力為

$$f_1 = Lib_0 = \frac{1}{R} L^2 V_m b_0^2 \text{ (N)} \tag{3.24}$$

若磁通密度分布的均方根值為 $B_{rms} = B_p / \sqrt{2}$，定子磁場與轉子鼠籠棒間產生的平均力則為

$$F = N_R f_{rms} = N_R \frac{1}{R} L^2 V_m B_{rms}^2 \qquad (3.25)$$

其中 N_R 為轉子槽數或鼠籠棒數。
若

$$I_{rms} = \frac{I}{\sqrt{2}} = \frac{LV_m B_p}{\sqrt{2}R} = \frac{LV_m B_{rms}}{R} \qquad (3.26)$$

平均力變為

$$F = N_R L I_{rms} B_{rms} \qquad (3.27)$$

平均輸出力矩則為

$$T = D_g F / 2 = N_R L I_{rms} D_g B_{rms} / 2 \qquad (3.28)$$

其中 D_g 為氣隙直徑。

3.2 感應馬達基礎設計 (0D/1D)

馬達規格制定完成後，整理規格需求表，如表 3.1，即可展開 0D 的初步設計。主要設計流程如圖 3.3。

以下的設計流程，依據日本作者系見和信著作[3-1]整理，此設計流程中仍以工業用馬達設計流程為主，因為在 0D 的設計中，可以先由初步的馬達規格，快速獲得馬達基本尺寸與性

表 3.1 馬達設計規格需求表

中文名稱	英文名稱	符號	規格
相數	No. of phase	m	3
轉子繞組	Rotor winding	-	鼠籠
極數	No. of poles	p	4
極對數	No. of pole pairs	$p/2$	2
額定功率	Rated power	P_N	2.2 kW
直流電壓 (V_{dc})	Rated voltage	E	200 V
電氣頻率	Electric frequency	f	50/60 Hz
效率	Efficiency	η	目標效率參考 IE 效率等級
功率因數	Power factor	P_f	參考廠商型錄 ($P_f = \cos\phi$)
槽電流密度	Current density	J	6-9 A/mm²
使用類別	Duty	-	連續
保護方式	Protection	-	防滴保護型
經驗數據			
軸徑	Shaft diameter	D_a	-
轉子齒長	Rotor teeth height	h_2	13 mm
氣隙導磁係數	Air permeability	μ_0	$4\pi \times 10^{-7}$ Wb/(A-turn m)
卡特係數	Carter's coefficient	k_c	>1
銅電阻係數	Copper resistance coefficient	ρ	$1.72 \times 10^{-8} = \frac{1}{58} \times 10^{-6}$ (Ωm) (20°C)
導電率 ($1/\rho$)	Conductivity	α	$\alpha_0 = 1/234.5$ (Siemens/m) 銅線 @0°C
轉差率	slip	s	0 ~ 1

能，作為下一階段 1D 進階設計的基礎。本章的特色是將重要方程式，依據電磁理論推導出來，使讀者可以知道使用這些方程式的原因 (know-why/know-how)，理論推導出來的參數與原著設計方程式的參數常有差異，這是因為有些參數是依據工程經驗修正獲得。

第三章 電機設計與分析

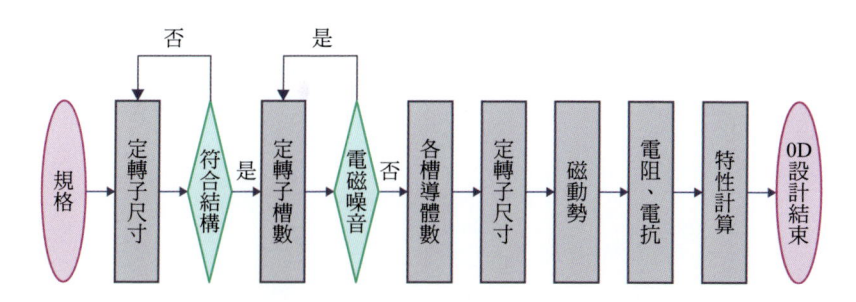

圖 3.3 感應馬達 0D 主要設計流程

1. 選擇類似框號,決定外徑尺寸

依據規格表 3.1,超高效率馬達 IE3 臥式系列 -TEFC (totally enclosed fan-cooled)(符合 CNS 14400 標準),這個系列屬於 F 級絕緣、連續額定、鼠籠轉子、220 V/380 V、60 Hz。以四極 2.2 kW 馬達為例,由框號 100L 尺寸規格,如表 3.2,決定軸心與底座高 H=100 mm,以及馬達軸向中心到端蓋長(半框長)$BB/2+C$=133 mm,如圖 3.4 所示。

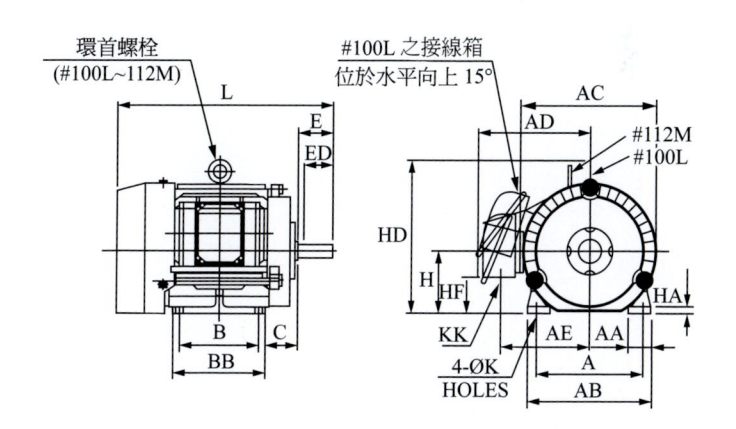

圖 3.4 馬達尺寸變數定義圖 [資料來源:大同公司網站]

表 3.2 IE3 系列外型尺寸（臥式全密閉外扇型）[資料來源：大同公司網站]

框號 FRAME NO.	輸出 OUTPUT (kW)			圖 FIG.	安裝尺寸 MOUNTING DIMENSION												
	2P	4P	6P		A	B	C	K	AA	AB	AC	AD	AE	BA	BB
80M	0.75	0.75	—	1	125	100	50	10	35	155	180	146	188	—	130
90L	1.5	1.5	0.75		140	125	56	10	40	176	207	164	134	—	149
100L	—	2.2	—	2	160	140	63	12	40	196	223	183	155	—	176
112M	3.7	3.7	1.5,2.2		190	140	70	12	40	220	243	183	155	—	168
132S	5.5,7.5	5.5	3.7	3	216	140	89	12	50	260	285	225	179	—	175
132M	—	7.5	5.5		216	178	89	12	50	260	285	225	179	—	213
160M	11,15	11	7.5		254	210	108	14.5	60	308	324	275	230	—	250
160L	18.5	15	11		254	254	108	14.5	60	308	324	275	230	—	294
180M	22	18.5,22	15	4	279	241	121	14.5	60	324	398	340	275	82.5	286
180L	30	30	18.5,22		279	279	121	14.5	60	324	398	340	275	82.5	324
200L	37,45	37,45	30,37		318	305	133	18.5	80	378	442	353	305	80	360

第三章 電機設計與分析

表 3.2 （續）

| H | HA | HD | HF | KK | L | 輸出端 SHAFT END ||||||| 軸承 BEARING || 略重 APPROX. WT. (kg) | 框號 FRAME NO. |
						D	E	ED	F	G	GA	DH	L.S.	O.S.		
80	8	169	35	Ø22	274	19	40	30	6	15.5	21.5	M6×12L	6204ZZ	6204ZZ	16	80M
90	12	190	45	Ø22	327	24	50	40	8	20	27	M8×20L	6205ZZ	6205ZZ	26	90L
100	12	246	85	Ø28	378	28	60	50	8	24	31	M10×25L	6206ZZ	6206ZZ	38	100L
112	15	274	95	Ø28	382	28	60	50	8	24	31	M10×25L	6207ZZ	6206ZZ	44	112M
132	15	316	112	Ø35	450	38	80	65	10	33	41	M12×25L	6308ZZ	6308ZZ	70	132S
132	18	316	112	Ø35	488	38	80	65	10	33	41	M12×25L	6308ZZ	6308ZZ	85	132M
160	18	373	120	Ø52	603	42	110	90	12	37	45	M16×36L	6310ZZ	6308ZZ	130	160M
160	20	373	120	Ø52	647	42	110	90	12	37	45	M16×36L	6310ZZ	6308ZZ	142	160L
180	20	440	105	Ø63	676.5	48	110	90	14	42.5	51.5	M16×36L	6310ZZ	6310ZZ	190	180M
180	20	440	105	Ø63	714.5	55	110	90	16	49	59	M20×36L	6312ZZC3	6312ZZC3	220	180L
					772.5	55	110	90	16	49	59		6312ZZ	6312ZZ	225	
200	20	486	130	Ø63	802.5	60	140	110	18	53	64	M20×42L	6312ZZC3	6312ZZC3	300	200L
													6312ZZ	6312ZZ	300	

57

2. 定子鐵心主要尺寸

首先，由軸中心高度 H 計算定子鐵心外徑與內徑，係數 α_{Do} 與 α_g 的大小是經驗值，應考慮結構強度、振動噪音與散熱需求而定，更精確的數值尚需依據細部設計調整，如表 3.3。當 α_{Do} 越小，定子鐵心外徑越小，馬達外殼越厚，可以提升殼的保護作用與剛性，但不利散熱。當馬達極數少的時候，定子上的平均磁通較大，所需鐵心體積需要較大，因此定子背鐵厚度較厚，故 α_g 的值較小。鐵心由矽鋼片疊積構成，由於矽鋼片製作時表面塗有絕緣層，疊積中實際可以導磁的部分佔整個疊積的比例，則由疊積因數決定，疊積因數又與矽鋼片厚度有關，如表 3.4 所示，越薄的矽鋼片疊積因數越小。

3. 轉子鐵心外徑尺寸

轉子鐵心外徑由定子內徑及氣隙長度而定，在一般加工精度的範圍，氣隙長度通常大於 0.3 mm，轉子鐵心與氣隙長度的計算，如表 3.5，其變數定義圖如 3.5 所示。依據 [3-2]，氣隙長度

表 3.3 定子鐵心主要尺寸方程式

符號	名稱	公式	重要係數			
D_o	定子外徑	$D_o=2H\alpha_{Do}$	α_{Do}	0.8~0.9（保護型）		0.75~0.85（全閉型）
D_g	定子內徑	$D_g=D_o\alpha_g$	α_g	0.5~0.6 (2 極)	0.61~0.67 (4 極)	0.63~0.7(6 極)
L_s	定子長	$L_s < B$	$L_s=\dfrac{BB}{2}+C-$軸承長度 $-$風扇長度 $-$風道長度 $-$端部高度			
L_e	有效鐵心長	$L_e=L_sk_{st}$	k_{st}：疊積因數 (stacking factor)			

表 3.4 疊積因數 (k_{st}) [3-3]

矽鋼片厚度 (mm)	0.0127	0.0254	0.0508	0.1 ~ 0.25	0.27 ~ 0.36
疊積因數	0.50	0.75	0.85	0.90	0.95

表 3.5 轉子鐵心與氣隙長度

符號	名稱	公式	係數
δ	氣隙長	$\delta = (0.1+2D_g)$ (mm)，此處 D_g 單位為 m	$\delta \geq 0.3$ mm
D_{g2}	轉子外徑	$D_{g2} = D_g - 2\delta$	-

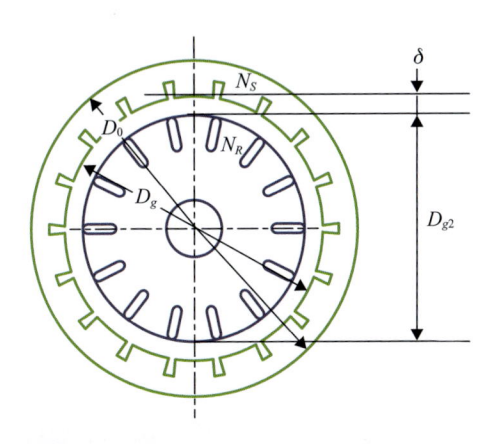

圖 3.5 馬達定子轉子尺寸變數定義圖[3-1]

的計算有不同的公式：

15 kW 以下：$\delta = 0.3 + \dfrac{D_g}{1000}$ (mm)（4 極），

$$\delta = 0.4 + \dfrac{D_g}{666} \text{ (mm)} \quad (2 \text{ 極})$$

15 kW 以上：$\delta = D_g \left(1 + \dfrac{9}{p}\right)\dfrac{1}{1200}$ (mm)（> 2 極）

以上三式 D_g 單位為 mm。

此外，有些參考文獻之經驗公式如下 [3-4][3-5, p.125]：

$$\delta = 0.125 - \frac{10.17}{D_g + 90} \text{ (in)} \text{ 或 } \delta = \left(3.06 - \frac{6560}{D_g + 2280}\right) \text{ (mm)}$$

4. **定子與轉子槽數**

選取定子與轉子槽數時的基本公式，如表 3.6。

然而，定子與轉子槽數的差異，應注意以下條件 [3-6, p.280]：

a. 為避免噪音振動及畸形轉矩，三相感應馬達的定子與轉子槽數的差，不得是 3 或 3 的倍數。二相馬達定子與轉子槽數的差，不得是 2 或 2 的倍數。

b. 為避免轉矩曲線上**鞍窩** (synchronous cusps) 發生，三相馬達的定子與轉子槽數的差，不得為 p、$2p$ 或 $5p$。二相馬達定子與轉子槽數的差，不得為 p。

c. 為避免噪音，三相馬達的定子與轉子槽數的差，不得是 1、2、$(p+1)$ 或 $(p+2)$。

d. 轉子槽數必須偶數，因奇數槽引起振動。

e. 轉子槽數不應大於定子槽數與極對數的和，且不能被極對數除盡。

f. **斜槽** (skew) 可減弱槽磁場諧波，**短節距繞線** (chord winding) 可減弱第 5 和 7 次諧波，使鞍窩減少。

表 3.6 定子與轉子槽數

符號	名稱	公式	係數
N_S	定子槽數	$N_S = mpk_S$	k_S：整數，小馬達 2~4，大馬達 (100 kW 左右) 2~6。
N_R	轉子槽數	$N_R = k_R N_S$	k_R：小者 0.75~0.85 或多者 1.2~1.35 左右

g. 定子與轉子槽數的不得差異太大，否則容易產生高階諧波，造成馬達過熱。經驗值為：轉子槽數 = 定子槽數 ±(20~30%)。

依據上述條件，可以列出定子與轉子槽數的參考值，如表 3.7。

5. **每相導體數 (conductor) 計算**

導體數是**安匝數** (number of turns) 的兩倍，因為每一匝繞組必須佔據兩槽。表 3.8 列出氣隙圓周總安培導體數 (A_c) 的計

表 3.7 定轉子槽數參考值 [3-7, pp.256-257]

極數 (p)							
2		4		6		8	
N_S	N_R	N_S	N_R	N_S	N_R	N_S	N_R
18	(12), 24	24	18, 30	36	(20, 22), 26, 46	48	(26, 30, 34), 36, 38, 60
24	18, 30	36	(24), 30, 42	54	(34, 36, 38), 40, 44, 64		
30	(18), 24, 36	48	(30), 36, 40, 60				
(36)	(24, 30)	60	(36, 42), 48, 72	72	(44, 46, 50), 52, 54, 56, 58, 62, 82, 86, 88, 90	72	(42, 46, 48, 50), 54, 58, 60, 84, 86, 90
42	(24, 30), 36, 48	72	(42, 48), 54, 60, 90				
48	(30), 36, 60	84	(48, 54), 60, 66, 72, 96, 102	90	(50, 52, 54, 56, 58, 62), 64, 68, 70, 72, 74, 94, 98, 100, 104	96	(54, 58, 60, 62, 66), 70, 72, 74, 78, 82, 114, 118, 120
54	(30, 36), 48, 60, 66						
60	(36), 48, 72						
72	(48), 54, 60, 66, 90						

（括弧內部分皆因定轉子槽數相差太大，容易產生齒槽氣隙間高諧波，造成高熱發生，因此皆建議不使用。）

表 3.8 氣隙圓周總安培導體數計算方式

符號	名稱	公式	係數	來源
A_c	氣隙圓周總安培導體數	$P_N = k_N D_g^2 L A_c B_g f \left(\dfrac{1}{p}\right)$	k_N~12	推導
Φ	每極磁通	$\Phi = B_g (\pi D_g / p) L_s$	B_g=0.65~0.75 T	表 3.9
C_0	每相導體數	$C_0 = E / (2.2 f \Phi k_w)$	-	-

表 3.9 磁通密度建議值

磁通密度	定子齒	定子軛	轉子齒	轉子軛	氣隙	飽和係數
B (T)	B_{t1}	B_{y1}	B_{t2}	B_{y2}	B_g	-
	1.4 ~ 1.6	1.3 ~ 1.4	1.5 ~ 1.6	1.0 ~ 1.5	0.65 ~ 0.75	1.3 ~ 1.6

算方式，其中 B_g 為氣隙磁通密度的平均值，它和峰值的關係為 $B_g = (2/\pi) B_p$。馬達各部分磁通密度的平均值建議，如表 3.9，其中 B_g 約為 0.7 T 左右，但在 0.6 T 時的綜合性能較佳，若為 2 極電機，則為避免電磁振動，B_g 小一點較好。

計算氣隙圓周總安培導體數時，所依據的公式推導如下。由於定子的感應電動勢為

$$E_{rms} = 4 \frac{\pi}{2\sqrt{2}} k_w N_t \Phi f = 4 k_R k_w N_t \Phi f \qquad (3.29)$$

其中 $k_R = \pi/2\sqrt{2}$ 定義為正弦函數的**波形因數** (form factor)，也就是正弦函數有效值或均方根值和平均值的比率。例如，正弦磁通密度的均方根值為 $B_{rms} = B_p/\sqrt{2}$，平均值為 $B_{avg} = 2B_p/\pi$，其波形因數就是 $k_R = B_{rms}/B_{avg} = \pi/2\sqrt{2}$ [3-4, p.185]。重新表示定子

的感應電動勢

$$E_{rms} = 4k_R k_w N_t (\frac{2}{p} D_g L_s B_p) f = 4k_R k_w N_t (\frac{2}{p} D_g L_s \frac{\pi}{2} B_{avg}) f \quad (3.30)$$

忽略馬達損失與功因角之後，馬達的功率為

$$\begin{aligned} 3I_{rms} E_{rms} &= 3I_{rms} 4k_R k_w N_t D_g L_s \frac{\pi}{p} B_{avg} f \\ &= [\frac{3(2N_t I_{rms})}{D_g \pi}] B_{avg} D_g^2 L_s \frac{f}{p} (2\pi^2 k_R k_w) \\ &= (2\pi^2 k_R k_w) A_c B_g D_g^2 L_s \frac{f}{p} \end{aligned} \quad (3.31)$$

其中 B_g 為平均磁通密度 B_{avg}，單位氣隙圓周長的安匝數為

$$A_c = \frac{3(2N_t I_{rms})}{D_g \pi} \quad (3.32)$$

實際上，當考慮馬達損失與功因角 ϕ 時，馬達的額定輸出功率修正為

$$\begin{aligned} P_N &= P_{in} \eta \cos \phi = 3I_{rms} E_{rms} \eta \cos \phi \\ &= (2\pi^2 k_R k_w \eta \cos \phi) A_c B_g D_g^2 L_s \frac{f}{p} \\ &= k_N A_c B_g D_g^2 L_s \frac{f}{p} \end{aligned} \quad (3.33)$$

其中 $k_N = (2\pi^2 k_R k_w \eta \cos \phi)$。若將 $k_w = 0.86$、$\eta = 0.8$、$\cos \phi = 0.8$ 代入，則 $k_N = 12$。設計時需要注意的要點：安培導體 A_c 與冷卻有關係，若是全閉型馬達則 A_c 小，但若是大功率則 A_c 大。

表 3.10 每槽導體數

符號	名稱	公式	係數	來源
C	每槽導體數	$C=C_0/(N_s/mn)$	$n=$ 並聯數	-

若是雙 Y 並聯的方式 $(n=2)$，每一個 Y 中每相的安匝數是 $N_t(N_t=C_0/2)$，產生的感應電壓 E_{max} 仍以下式計算

$$E_{max} = \sqrt{2}E_{rms} = k_w V_m (2N_t) L_s B_p \qquad (3.34)$$

但所需要的磁通密度峰值 B_p 則由 $2(2N_t)$ 的導體數產生，也就是說流到每一個 Y 接繞線的分電流減半 $(I/2)$，但總電流 (I) 不變，會產生相同力矩。

因為 C_0 是指一個 Y 接下的每相導體數；如表 3.10，若為 n 個並聯的 Y 接繞組，每相導體數會變成 nC_0，各槽導體數則為 $C=mnC_0/N_s$，其中 m 為相數。定子繞線截面如圖 3.6(a) 所示，其並聯方式則顯示在圖 3.6(b)：

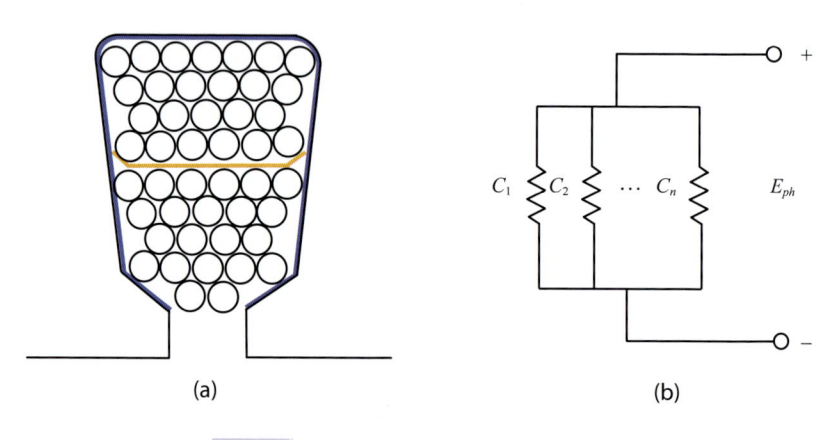

圖 3.6 (a) 繞線截面與 (b) 並聯方式

6. 定子槽尺寸

定子槽尺寸決定於鐵心磁路的磁通密度及線圈的電流。假設電壓與電流皆為純正弦波，$v(t) = V\sin(\omega_0 t + \phi)$、$i(t) = I\sin(\omega_0 t + \phi)$，功率因數 (power factor) 定義為 $P_f = \cos\phi$，總功率則為

$$P_N = 3E_{rms}I_{rms}\eta P_f \tag{3.35}$$

馬達定子與轉子尺寸與變數定義圖如圖 3.7 所示，若已知馬達電壓、功率、效率與功因，就可求得電流值。一般銅線容許的電流密度 J 為 6~10 A/mm^2，由此可推算導線應有的直徑 d_0。若已知線徑，即可求出槽斷面積理論值 S_1，一槽內有 C 條導線時，S_1 至少要 $C(\pi d_0^2/4)/k_{sf}$，其中 k_{sf} 為佔槽率 (slot fill ratio)，一般而言，使用繞線機繞線約在 40~50% 左右，現已有 70% 以上。

定子齒寬 t_1 的決定方式很簡單，通常可由鐵心之磁化特性、鐵損與經驗，首先決定鐵心齒部與軛部的磁通密度 B_{t1} 和 B_{y1}，當每極磁通為 Φ，每極有 (N_s/p) 個齒，每齒的寬度 $t_1 = \Phi/$

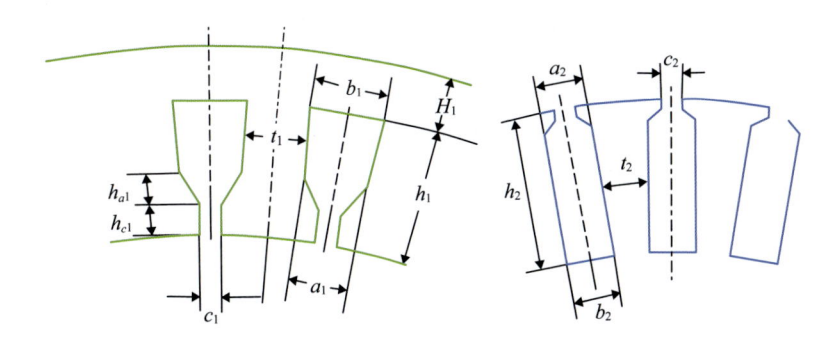

圖 3.7 定子與轉子尺寸與變數定義

$(N_s/p)L_eB_{t1}$。每齒通過的磁通會在定子軛部分流成兩路，如圖 3.8，因此通常定子軛高 H_1 約為齒寬的一半，詳細計算如表

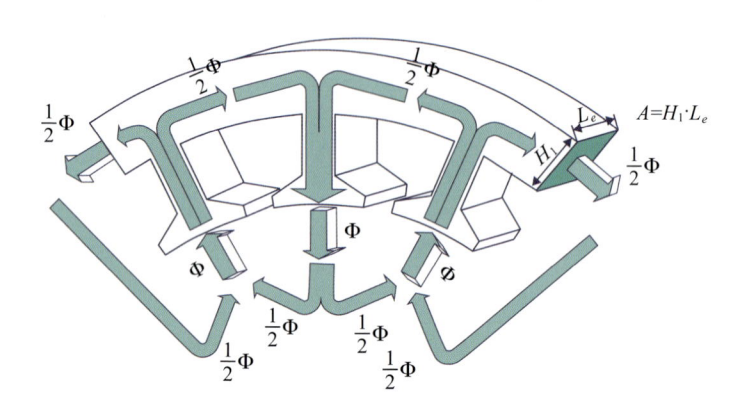

圖 3.8 定子磁通迴路

表 3.11 定子尺寸符號與計算公式

符號	名稱	公式	係數	來源
I_{rms}	相電流	$I_{rms} = P_N/(mE_{rms}\eta\cos\phi)$	$\eta, \cos\phi$ 規格已知	—
d	導線直徑	$J = 4(I_{rms}/n)/(\pi d^2)$	$n =$ 並聯回路數	—
d_0	市售導線直徑	$d_0 = d +$ 絕緣層	k_{sf}：佔槽率	
S_1	槽斷面積	$S_1 = C(\pi d_0^2/4)/k_{sf}$		
t_1	定子齒寬	$p\Phi = t_1L_eN_sB_{t1}$	$B_{t1} = 1.4 \sim 1.6$ T	表 3.9
H_1	定子軛高	$\Phi/2 = H_1L_eB_{y1}$	$B_{y1} = 1.3 \sim 1.4$ T	表 3.9
h_1	定子齒高	$h_1 = (D_o - D_g - 2H_1)/2$	—	—
a_1	定子槽頂寬	$a_1 = (\pi D_g/N_s) - t_1$	—	—
b_1	定子槽底寬	$b_1 = \pi(D_g + 2h_1)/N_s - t_1$	—	—
S_1^*	槽斷面積實際值	$S_1^* = (a_1+b_1)h_1/2$	Check if $S_1 \sim S_1^*$	—

3.11。其他如定子齒高 h_1、定子槽頂寬 a_1、定子槽底寬 b_1 及槽斷面積實際值 S_1^*，都由馬達幾何限制決定。

7. 轉子槽尺寸

轉子槽尺寸也決定於鐵心磁路的磁通密度及線圈的電流，其尺寸與變數定義如圖 3.9 所示，轉子尺寸的計算公式則顯示在表 3.12。**短路環** (end ring) 的斷面積 S_r 推導如下：

由圖 3.10，轉子各**槽柱** (bar) 平均電流為

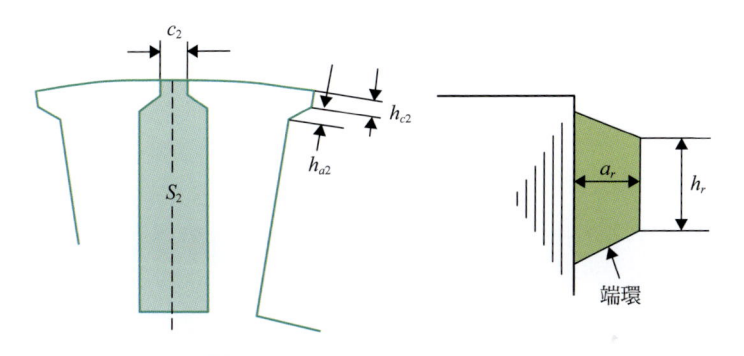

圖 3.9 轉子槽尺寸與變數定義

表 3.12 轉子尺寸符號與計算公式

符號	名稱	公式	係數	來源
t_2	轉子齒寬	$p\Phi = t_2 L_e N_R B_{t2}$	B_{t2}=1.5-1.6	表 3.9
h_2	轉子齒高	$h_2 \sim 13\ mm$	—	經驗
H_2	轉子軛高	$H_2 = (D_{g2} - 2h_2 - D_a)/2$	D_a: 軸徑	—
a_2	轉子槽頂寬	$a_2 = (\pi D_{g2}/N_R) - t_2$	—	—
b_2	轉子槽底寬	$b_2 = \pi(D_{g2} - 2h_2)/N_R - t_2$	$h_2 \sim 13\ mm$	經驗
S_r	端環斷面積	$S_r = 0.3\ S_2 N_R / p$	S_2 導體斷面積	推導
a_r	端環厚	$\approx S_r / h_r$	h_r = 15 mm	經驗

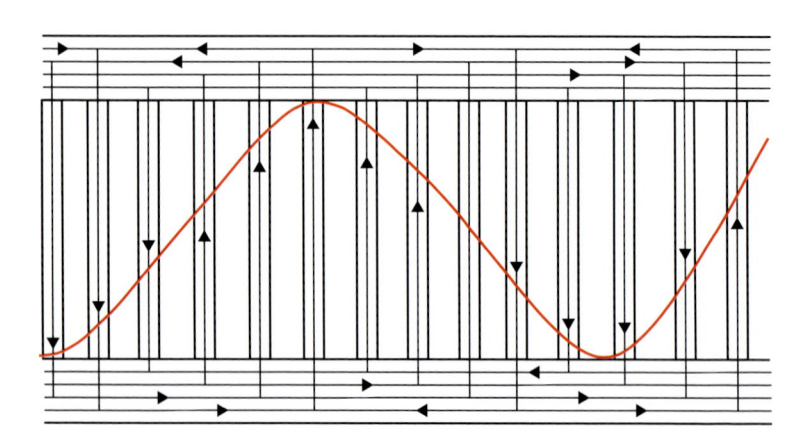

圖 3.10 轉子感應電流

$$I_{b,avg} = \frac{1}{\pi}\int_0^\pi I_b \sin\theta \, d\theta = \frac{2}{\pi}I_b \qquad (3.36)$$

其中 I_b 為各槽柱電流峰值。短路環最大電流為

$$I_r = \frac{1}{2}\frac{N_R}{p}I_{b,avg} = \frac{N_R I_b}{\pi p} \qquad (3.37)$$

其中係數 1/2 表示槽柱電流分兩路進入短路環，短路環與槽柱截面積為通過電流的比值

$$\frac{S_r}{S_2} = \frac{I_r}{I_b} = \frac{N_R}{\pi p} \qquad (3.38)$$

因此，端環段面積為

$$S_r = \frac{N_R S_2}{\pi p} \approx 0.318\frac{N_R S_2}{p} \qquad (3.39)$$

8. 磁動勢

由馬達磁路中各部分的磁通密度 B_{t1}、B_{y1}、B_{t2}、B_{y2}、及 B_g，利用鐵心材料的 B-H 曲線，可以決定對應的磁場強度 (field intensity)，再乘上磁路長，就可以得到各部分的磁動勢，相加之後就得到總磁動勢，如表 3.13，其中 A_{tp} (ampere-turns per pole) 為單極總磁動勢（圖 3.11）。

激磁電流有兩個經驗公式，推導說明如下。真實磁路簡化之一半磁路，就是由一半的導體數通電流產生的磁路，一半的導體數等於匝數。而整極的磁通是由整極全部的導體通電流產生的，整極全部的導體數等於匝數的兩倍。注意，以下的推導積分式中積分寬度是半極 $\pi/2$。

A. $I_m = \dfrac{2.22 p A_{tp}}{m C_0 k_w}$ （式一） [3-4, p.329, 345]

由於單極導體數為 mC_0/p，單極電氣角為 π (radian)，單位電氣角的導體數為 $mC_0/p\pi$，以微角度 $d\theta$ 表示時，其間的**安培導體數** (ampere-conductors) 為

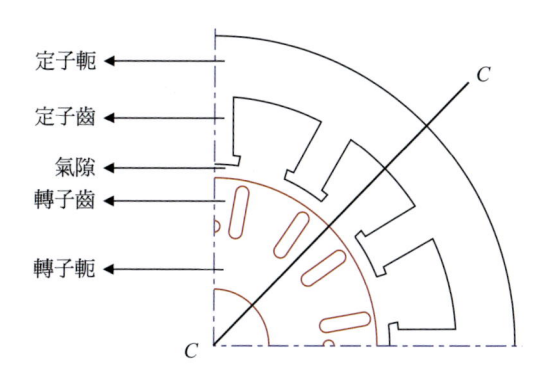

圖 3.11 單極的磁路示意圖

表 3.13 磁動勢與激磁電流計算公式

符號	名稱	公式	係數	來源
Φ	每極磁通量	$\Phi = E/(2.2fC_0k_w)$	$E=E_{rms}$	表 3.8
B_{t1}	定子齒磁通密度	$B_{t1} = (p\Phi)/(t_1L_eN_S)$	—	表 3.11
H_{t1}	定子齒磁場強度	BH curve	—	—
L_{t1}	定子齒磁路長	$L_{t1}=h_1$	—	—
A_{tt1}	定子齒磁動勢	$A_{tt1}=H_{t1}L_{t1}$	—	—
B_{y1}	定子軛磁通密度	$B_{y1} = \Phi/(2H_1L_e)$	2 表示磁通分兩路入軛鐵	表 3.11
H_{y1}	定子軛磁場強度	BH curve	—	—
L_{y1}	定子軛磁路長	$L_{y1}=\pi D_o/(2p)$	—	—
A_{ty1}	定子軛磁動勢	$A_{ty1}=H_{y1}L_{y1}$	—	—
B_{t2}	轉子齒磁通密度	$B_{t2} = (p\Phi)/(t_2L_eN_R)$	—	表 3.12
H_{t2}	轉子齒磁場強度	BH curve	—	—
L_{t2}	轉子齒磁路長	$L_{t2}=h_2$	—	—
A_{tt2}	轉子齒磁動勢	$A_{tt2}= H_{t2}L_{t2}$	—	—
B_{y2}	轉子軛磁通密度	$B_{y2} = \Phi/(2H_2L_e)$	—	表 3.12
H_{y2}	轉子軛磁場強度	BH curve	—	—
L_{y2}	轉子軛磁路長	$L_{y2}=\pi(D_{g2}-2h_2)/(2p)$	—	—
A_{ty2}	轉子軛磁動勢	$A_{ty2}=H_{y2}L_{y2}$	—	—
B_g	氣隙磁通密度	$B_g=(p\Phi)/(\pi D_gL_e)$	—	—
A_{tg}	氣隙磁動勢	$A_{tg}=k_cB_g\delta/\mu_0$	k_c: Carter's coefficient	—
\multicolumn{5}{|c|}{Note: 經驗上 $A_{tg}\times(1.25\sim1.33) = A_{tp}$(氣隙安匝約占總安匝的 75-80%)}
A_{tp}	單極總磁動勢	$A_{tp} = A_{tt1}+ A_{ty1}+ A_{tt2}+ A_{ty2}+ A_{tg}$	—	—
I_m	激磁電流	$I_m = \dfrac{2.22pA_{tp}}{mC_0k_w}$ (式一), $I_m = \dfrac{1.16pA_{tp}}{C_0k_w}$ (式二)	—	推導

第三章 電機設計與分析

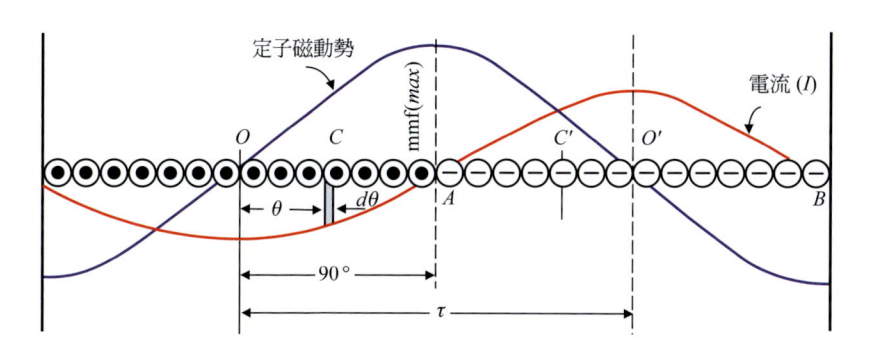

圖 3.12 磁動勢示意圖

$$I_{max} \cos\theta \times \frac{mC_0}{p\pi} d\theta \qquad (3.40)$$

圖 3.12 中 OC 段的安培導體數為

$$AC_\theta = I_{max} \frac{mC_0}{p\pi} \int_0^\theta \cos\theta d\theta = I_{max} \frac{mC_0}{p\pi} \sin\theta \qquad (3.41)$$

半極的安培導體數或全極的安匝數 (ampere-turns per pole) 則為

$$A_{tp} = \sqrt{2} I_{rms} \frac{mC_0}{p\pi} \qquad (3.42)$$

激磁電流的有效值 (rms) 可由下式計算

$$I_m = I_{rms} = \frac{\pi}{\sqrt{2}} \frac{pA_{tp}}{mC_0 k_w} \approx \frac{2.22 pA_{tp}}{mC_0 k_w} \qquad (3.43)$$

其中 k_w 為繞線因數。

B. $I_m = \dfrac{1.16 p A_{tp}}{C_0 k_w}$ （式二）[3-1]

假設有一個 m 相 p 極的馬達，每相匝數為 N_t，或為 $C_0/2$。先由一相兩極的馬達開始推導，如圖 3.13(a)。將磁動勢簡化成方波時，方波的振幅為 $(N_t i/2)$，其中 $i = \sqrt{2} I_{rms} \cos \omega t$，如圖 3.13(b)。方波磁動勢的基頻波振幅為方波振幅的 $(4/\pi)$ 倍，因此，

$$\Im_a(x,t) = \Im_m \cos(\omega t) \cos(\dfrac{\pi}{\tau_p} x) \tag{3.44}$$

其中

$$\Im_m = \dfrac{4}{\pi} \dfrac{N_t}{2} \sqrt{2} I_{rms} \tag{3.45}$$

擴展到 p 極電機時，

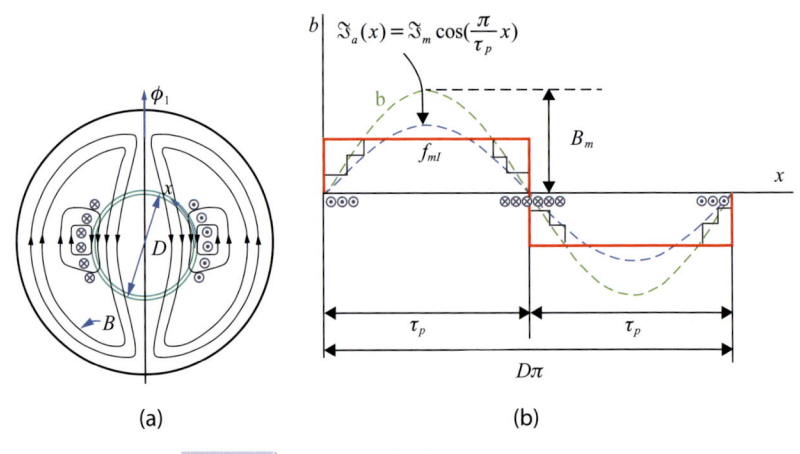

圖 3.13 (a) 電流與磁場、(b) 磁動勢圖

$$\Im_m = \frac{4}{\pi} \frac{N_t}{p} \sqrt{2} I_{rms} \qquad (3.46)$$

再擴展到三相電機時，第二與第三相的磁動勢分別為

$$\Im_b(x,t) = \Im_m \cos(\omega t - 120°) \cos(\frac{\pi}{\tau_p} x - 120°) \qquad (3.47)$$

$$\Im_c(x,t) = \Im_m \cos(\omega t - 240°) \cos(\frac{\pi}{\tau_p} x - 240°) \qquad (3.48)$$

合成磁動勢為

$$\Im_r = \Im_a + \Im_b + \Im_c = (3/2)\Im_m \cos(\omega t - \frac{\pi}{\tau_p} x) \qquad (3.49)$$

若擴展到 m 相電機，

$$\Im_r = \frac{m}{2} \Im_m \cos(\omega t - \frac{\pi}{\tau_p} x) = \frac{m}{2} \frac{4 N_t \sqrt{2}}{\pi p} I_{rms} \cos(\omega t - \frac{\pi}{\tau_p} x) \qquad (3.50)$$

當 $t=0$ 時，

$$\Im_r = \frac{m}{2} \frac{4 N_t \sqrt{2}}{\pi p} I_{rms} \cos\theta \qquad (3.51)$$

其中 $\theta = \pi x / \tau_p$。每極平均安匝數 (A_{tp}) 為

$$A_{tp} = \frac{1}{(\pi/2)} \int_0^{\pi/2} \Im_r d\theta = \frac{1}{(\pi/2)} \int_0^{\pi/2} \frac{m}{2} \frac{4 N_t \sqrt{2}}{\pi p} I_{rms} \cos\theta d\theta$$

$$= \frac{2}{\pi} \frac{m}{2} \frac{4 N_t \sqrt{2}}{\pi p} I_{rms} = \frac{2\sqrt{2}}{\pi^2} \frac{m C_0}{p} I_{rms} \qquad (3.52)$$

因此,激磁電流變為

$$I_m = I_{rms} = \frac{\pi^2}{2\sqrt{2}} \frac{pA_{tp}}{mC_0} \approx 3.4894 \frac{pA_{tp}}{mC_0} \tag{3.53}$$

當 $m=3$ 時,加入繞線因數後,激磁電流變為

$$I_m \approx 3.4894 \frac{p\,A_{tp}}{mC_0 k_w} \approx 1.16 \frac{pA_{tp}}{C_0 k_w} \tag{3.54}$$

9. 一次與二次線圈電阻

如表 3.14,一次線圈電阻很容易獲得。二次線圈電阻推導如下。首先,總槽棒的電阻為

$$\frac{L_e N_R \rho}{S_2} \tag{3.55}$$

其中 S_2 為槽棒的截面積。槽棒最大電流為 I_b,平均電流為

$$I_{b/avg} = \frac{1}{\pi} \int_0^\pi I_b \sin\theta d\theta = \frac{2}{\pi} I_b \tag{3.56}$$

短路環中最大電流為

$$I_r = \frac{2}{\pi} \frac{N_R}{2p} I_b = \frac{N_R}{\pi p} \sqrt{2} i_b\;, \tag{3.57}$$

其中 $i_b = I_b/\sqrt{2}$ 為 I_b 的均方根值,短路環總電阻為

$$R_r = \frac{\pi D_r \rho}{S_r} \tag{3.58}$$

第三章 電機設計與分析

表 3.14 一次與二次線圈電阻計算公式

符號	名稱	公式	係數	來源
L_c	一次線圈半長	$L_c = L_e + \dfrac{k_{ep}k_{\tau p}\pi(D_g+h_1)}{p} + h_i$	k_{ep}：計算端繞線長時，因端繞線呈弧狀，會比沿直徑 (D_g+h_1) 的弧長還要長，所以 $k_{ep} \approx 1.25$。 $k_{\tau p}$：線圈節距，即，線圈兩端距離占極距的百分比。 h_i：直線部（絕緣套）長度	-
R_2	電阻 @T_2	$R_2 = R_1[1+\alpha_0(T_2-T_1)]$ $\dfrac{R_2}{R_1} = \dfrac{234.5+T_2}{234.5+T_1}$	R_1：T_1 測定開始時電阻 α：導電率 (S/m)=$1/\rho$ ρ：電阻係數 (Ωm)	表 3.1
r_1	一次線圈電阻	$r_1 = \rho \dfrac{R_2}{R_1} \dfrac{L_c C_0}{(\pi d^2/4)} \dfrac{1}{n}$	並聯時電阻為 ($1/n$) 倍。$C_0 = 2N_t$，所以計算長度時只要算一半 (L_c)。	-
r_2	總二次線圈電阻	$R_2 = \left[\dfrac{L_e N_R \rho}{S_2} + \dfrac{2N_R^2}{\pi p^2}\dfrac{D_r \rho}{S_r}\right]\dfrac{R_2}{R_1} = N_R^2 \rho \left[\dfrac{L_e}{N_R S_2} + \dfrac{2}{\pi}\dfrac{D_r}{p^2 S_r}\right]\dfrac{R_2}{R_1}$		-
r_2'	相對定子側的每相二次電阻	$r_2' = \dfrac{mC_0^2 k_w^2 \rho}{s}\left[\dfrac{L_e}{N_R S_2} + \dfrac{2}{\pi}\dfrac{D_r}{p^2 S_r}\right]\dfrac{R_2}{R_1}$		推導

其中 D_r 為短路環直徑，S_r 為短路環的截面積。

單一短路環的功率損失為

$$P_r = \frac{\pi D_r \rho}{S_r}\frac{1}{2}I_r^2 = \frac{\pi D_r \rho}{S_r}\frac{1}{2}\left[\frac{N_R i_b}{\pi p}\right]^2 2 = \frac{N_R^2}{\pi p^2}\frac{D_r \rho}{S_r}i_b^2 \quad (3.59)$$

雙短路環等效電阻為功率損失除以短路環均方根電流平方，加上總槽棒電阻，則二次線圈電阻為

$$r_{2,total} = \left[\frac{L_e N_R \rho}{S_2} + \frac{2N_R^2}{\pi p^2}\frac{D_r \rho}{S_r}\right]\frac{R_2}{R_1} = N_R^2 \rho \left[\frac{L_e}{N_R S_2} + \frac{2}{\pi}\frac{D_r}{p^2 S_r}\right]\frac{R_2}{R_1}$$

(3.60)

由於鼠籠式轉子各槽棒上的電流都不同相 (out of phase)，若為兩極馬達，鼠籠轉子相數等於槽棒數 N_R。當馬達極對數為 $(p/2)$ 時，鼠籠轉子相數為 $m_2 = N_R/(p/2)$，每相匝數為 $N_2 = (1/2)(p/2)$。在定子端，每相匝數 $N_1 = (C_0/2)$。由定子端看轉子等效電阻為

$$r'_{2,total} = \frac{1}{s}\left[\frac{m_1 N_1}{m_2 N_2}\right]^2 r_2 = \frac{1}{s}\left[\frac{m(C_0/2)k_w}{\frac{N_R}{(p/2)}\frac{p}{4}}\right]^2 N_R^2 \rho \left[\frac{L_e}{N_R S_2} + \frac{2}{\pi}\frac{D_r}{p^2 S_r}\right]\frac{R_2}{R_1}$$

$$= \frac{m^2 C_0^2 k_w^2 \rho}{s}\left[\frac{L_e}{N_R S_2} + \frac{2}{\pi}\frac{D_r}{p^2 S_r}\right]\frac{R_2}{R_1}$$

(3.61)

其中 s 為滑差。
而且

$$\frac{R_2}{R_1} = \frac{234.5 + T_2}{234.5 + T_1}$$

(3.62)

其中 T_2 為馬達溫度，T_1 為室溫參考溫度 20°C。
由定子端看轉子等效單相電阻為

$$r'_2 = r'_{2,total}/m$$

(3.63)

10. 漏電抗

漏抗算法很多，本書引用幾種公式，參考如下：

(1) 定子槽漏電抗

若定子槽形為圖 3.14 所示，可將槽分成三部分，第一部分為長方形，假設內部全塞滿為導線，第二部分為梯形，無導線，第三部分為長方形槽開口，無導線。由電感與輔能的定義，電感可由下式表示

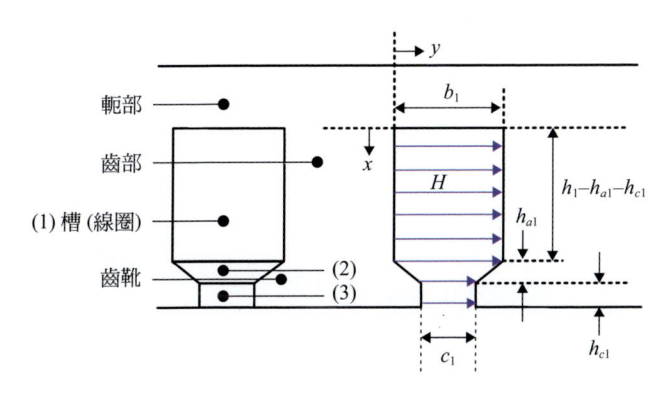

圖 3.14 定子槽漏磁路徑示意圖

$$L_d = \frac{1}{i^2} \int \mu_0 H_s^2 dV_s \tag{3.64}$$

其中 H_s 為定子槽磁場強度，V_s 為定子槽體積，i 為導體電流。

電感的單位是 H (Henry)，或是 Wb/A。通常磁路電感 L_d 與磁阻 R 和繞線匝數 N 有一個簡單的關係，$L_d = N^2/R$，或為 $L_d = N^2 P$，其中 P 為磁導，且 $P = 1/R$。

假設鐵心部分的導磁係數為∞，第一部分為長方形中，由安培定律

$$H_s(x) = \frac{x}{h_1 - h_{a1} - h_{c1}} \frac{Ci}{b_1} \tag{3.65}$$

其中 C 為每槽導體數，因此這塊區域的槽漏電感為

$$\begin{aligned} L_{d1} &= \frac{\mu_0}{i^2} \int_0^{h_1 - h_{a1} - h_{c1}} \left[\frac{x}{h_1 - h_{a1} - h_{c1}} \frac{Ci}{b_1} \right]^2 b_1 L_e dx \\ &= \mu_0 C^2 L_e \left[\frac{h_1 - h_{a1} - h_{c1}}{3b_1} \right] \end{aligned} \tag{3.66}$$

其中 L_e 為有效鐵心長。由於第二部分梯形區域無導線，此區域的磁場強度可用平均值表示

$$H_s = \frac{Ci}{(c_1 + b_1)/2} \tag{3.67}$$

這塊區域的槽漏電感為

$$L_{d2} = \frac{\mu_0}{i^2} \int_0^{h_{a1}} \left[\frac{Ci}{(c_1 + b_1)/2} \right]^2 \frac{(c_1 + b_1)}{2} L_e dx = \mu_0 C^2 L_e \left[\frac{h_{a1}}{(c_1 + b_1)/2} \right] \tag{3.68}$$

第三部分為長方形槽開口，亦無導線，此區域的磁場強度平均值為 $H = Ci/c_1$，這塊區域的槽漏電感為

$$L_{d3} = \frac{\mu_0}{i^2} \int_0^{h_{c1}} \left[\frac{Ci}{c_1} \right]^2 c_1 L_e dx = \mu_0 C^2 L_e \left[\frac{h_{c1}}{c_1} \right] \tag{3.69}$$

定子單槽總漏電感則為

$$L_{sl} = L_{d1} + L_{d2} + L_{d3} = \mu_0 C^2 L_e \left[\frac{h_1 - h_{a1} - h_{c1}}{3b_1} + \frac{h_{a1}}{(c_1 + b_1)/2} + \frac{h_{c1}}{c_1} \right]$$
(3.70)

若 q 為每極每相的槽數，p 為極數，每相的槽數則為 pq。每相定子槽的磁阻為 $pq(1/P_{slot})$，由 $L_d = N^2/R$ 的關係推論，各相定子漏電感由單槽漏電感計算如下：

$$L_{sl,phase} = \left[\frac{qp}{n} L_{sl} \right] \frac{1}{n} k_{sl}$$
(3.71)

其中 n 為 Y 接並聯數，k_{sl} 為繞線節距 (coil pitch)。等號右邊括弧內的物理意義是 (pq/n) 槽串聯後的電感，再乘上 $(1/n)$ 意為 n 個電感並聯後的值。

單相定子槽漏電抗定義為

$$X_{sl} = 2\pi f L_{sl,phase}$$

$$= 2\pi f q p k_{sl} \frac{1}{n^2} \mu_0 C^2 L_e \left[\frac{h_1 - h_{a1} - h_{c1}}{3b_1} + \frac{h_{a1}}{\frac{(c_1 + a_1)}{2}} + \frac{h_{c1}}{c_1} \right]$$
(3.72)

若定義係數 M 為

$$M = 2\pi f q p k_{sl} \frac{1}{n^2} \mu_0 C^2 L_e$$
(3.73)

單相定子槽漏電抗可表為

$$X_{sl} = M \left[\frac{h_1 - h_{a1} - h_{c1}}{3b_1} + \frac{h_{a1}}{\frac{(c_1 + a_1)}{2}} + \frac{h_{c1}}{c_1} \right] \quad (3.74)$$

類似的表示法可參考作者 Alger 的論文 [3-8]。

(2) 定子端繞線漏電抗

端繞線漏電抗的計算有許多不同之方式，依據 [3-8] 單相端繞線漏電抗推導，如下：

$$X_{e1} = M \left[\frac{D_o N_s k_w^2 n^2 \tan\beta}{2Lp^2} \right] \left[\frac{k_{sl}\pi - \sin k_{sl}\pi}{2k_{sl}\pi} \right] \quad (3.75)$$

其中 β 為端繞線和定子槽間的夾角。

(3) 轉子槽漏電抗

轉子槽漏電抗與定子槽漏電抗的算法類似，如 (3.72)，但是由於轉子槽全為鋁導體，因此每段磁導都要除以 3。由圖 3.7 與圖 3.9 可得知轉子槽尺寸，單一轉子槽之漏電抗為

$$X_{s2} = 2\pi f q p k_{sl} \frac{1}{n^2} \mu_0 C^2 L_b \left[\frac{h_2 - h_{a2} - h_{c2}}{3b_2} + \frac{h_{a2}}{\frac{3(c_2 + a_2)}{2}} + \frac{h_{c2}}{3c_2} \right] \quad (3.76)$$

其中 L_b 為槽棒長度，若有斜槽，則槽棒長度與馬達長度不同。由於轉子為鼠籠式結構，轉子極數與定子極數相同。在一個極對 (pole pair) 中，轉子相數等於槽數，$m_2 = N_R/(p/2)$，也就是說，同一相中有 $(p/2)$ 個槽棒是並聯

的，因此，每相並聯數 $n=(p/2)$，每相的槽數 $pq=(p/2)$。每槽導體數 $C=1$，$k_{sl}=1$。因此，

$$X_{s2} = \frac{2\pi f \mu_0 L_b}{(p/2)} \left[\frac{h_2 - h_{a2} - h_{c2}}{3b_2} + \frac{h_{a2}}{\frac{3(c_2 + a_2)}{2}} + \frac{h_{c2}}{3c_2} \right] \quad (3.77)$$

對應到定子電路後，

$$X'_{s2} = \frac{2\pi f \mu_0}{(p/2)} \frac{L_b}{3} \left[\frac{h_2 - h_{a2} - h_{c2}}{b_2} + \frac{h_{a2}}{\frac{(c_2 + a_2)}{2}} + \frac{h_{c2}}{c_2} \right] \left[\frac{m_1}{m_2} \left(\frac{N_1 k_{w1}}{N_2 k_{w2}} \right)^2 \right]$$

$$(3.78)$$

其中 $m_1=$ 定子相數 $=m=3$、$m_2=$ 轉子相數 $=N_R/(p/2)$、$N_1=$ 定子每相匝數 $=N_t=C_0/2$、$N_2=$ 轉子每相匝數 $=(1/2)(p/2)$、$k_{w1}=$ 定子繞線因數、$k_{w2}=$ 轉子繞線因數 $=$ 斜槽因數。

(4) 轉子端繞線漏電抗

轉子端繞線漏電抗不易推導，大多是以實驗求得參數，本書採用高橋幸人[3-9]所提出的公式。

$$X'_{e2} = 2\pi f \mu_0 \left(\pi D_g C_r \right) \left[\frac{h_a}{1.7a_r + 1.2h_r + 1.4h_a} \right] \left[\frac{m_1}{m_2} \left(\frac{N_1 k_{w1}}{N_2 k_{w2}} \right)^2 \right]$$

$$(3.79)$$

其中尺寸如圖 3.15 所示，C_r=4~5.8，當端環為焊接時，C_r=4；鑄造時，C_r=5.8。

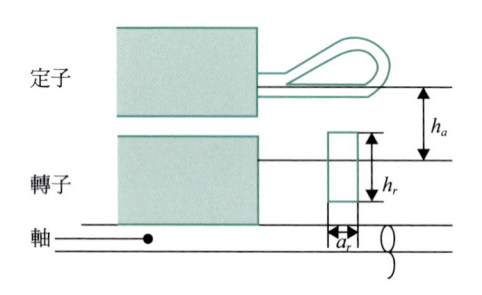

圖 3.15 端環與端線圈的尺寸

(5) 曲折 (zigzag) 漏電抗

曲折漏電抗詳細推導參見 Alger 之論文 [3-7]。定子部分造成之曲折漏電抗為

$$X_{z,s} = \frac{5}{6}\left[\frac{p}{N_S}\right]^2 X_a \quad (3.80)$$

轉子部分造成之曲折漏電抗為

$$X_{z,r} = \frac{5}{6}\left[\frac{p}{N_R}\right]^2 X_a \quad (3.81)$$

其中 $X_a = E_{rms}/I_{rms}$ 為總激磁電抗，總曲折漏電抗 X_z 如下：

$$X_z = \frac{5}{6}\left[\left(\frac{p}{N_S}\right)^2 + \left(\frac{p}{N_R}\right)^2\right] X_a \quad (3.82)$$

(6) 轉子斜槽漏電抗 [3-10]

轉子斜槽漏抗雖可視為曲折漏抗，但因為斜角增加會使電壓相位改變，導致感應電壓的下降。如同電抗造成之電壓下降。因此，可與曲折漏電抗相同之方式求得轉子斜槽漏電抗。

$$X_{sk}^{'} = \frac{E_{rms}}{I_{rms}}\left[1 - \frac{4\sin^2(\theta_{sk}/2)}{\theta_{sk}^2}\right] \approx X_a\left[\frac{\theta_{sk}^2}{12}\right] \quad (3.83)$$

其中 X_a 為總激磁電抗；$\theta_{sk} = \pi N_{sk} p/N_R$，$N_{sk}$ 為傾斜槽數。

(7) 總漏電抗

總漏電抗為定子槽漏電抗、定子端繞線漏電抗、轉子槽漏抗、轉子端繞線漏電抗、曲折漏電抗、轉子斜槽漏電抗之總和。因此總漏電抗為

$$X = X_{sl} + X_{el} + X_{s2}^{'} + X_{e2}^{'} + X_{sk}^{'} + X_z \quad (3.84)$$

11. 特性計算

感應馬達的等效電路圖可表示如圖 3.16(a)。I 為總電流；由轉子端看到定子端的等效負載電流 $I_L=(N_2/N_1)I_{b/avg}$，其中 $I_{b/avg}$ 為轉子槽棒平均電流；I_m 為激磁電流 (exciting current)；I_e 為磁化電流 (magnetizing current)；I_c 為鐵損電流 (core-loss current)，這是一個假想電流，將鐵心磁阻用電阻 b_m 表示時，用於提供磁滯損與渦流損。b_m 又稱為電納 (susceptance)，g_e 稱為電導 (conductance)。

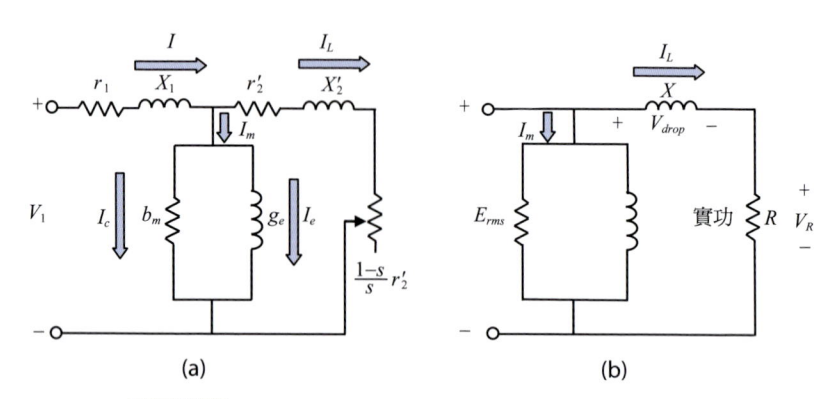

圖 3.16 (a) 感應馬達的等效電路圖與 (b) 其簡化圖

通常 I_c 都非常小而可忽略，因此，負載電流的有效成分，與轉子中的二次電流有關，可以表示為

$$I_L = k_\varphi \sqrt{I^2 - I_m^2} \tag{3.85}$$

其中 k_φ 為校正係數。

將等效電路再次簡化後，如圖 3.16(b)，E_{rms} 為相電壓均方根值，$X = X_1 + X_2'$，$R = r_1 + r_2'/s$。實功為 $I_L V_R$，虛功為 $(I_L^2 X + E_{rms} I_m)$，兩者向量相加則為視在功率，功因角為

$$\phi = \tan^{-1} \frac{I_L^2 X + E_{rms} I_m}{I_L V_R} = \tan^{-1} \frac{(I_m / I_L) + (I_L X / E_{rms})}{\sqrt{1 - (I_L X / E_{rms})^2}} \tag{3.86}$$

功率因數則定義為 $P_f = \cos \phi$。

鐵損

轉子操作在同步轉速附近時，在轉子鐵心的磁通頻率很

低，轉子鐵損比定子鐵損小很多，所以主要損失以定子鐵損為主。又因為齒部與軛部（圖 3.17）操作在不同的氣隙磁通密度下，所以齒部與軛部的鐵損要分開計算。

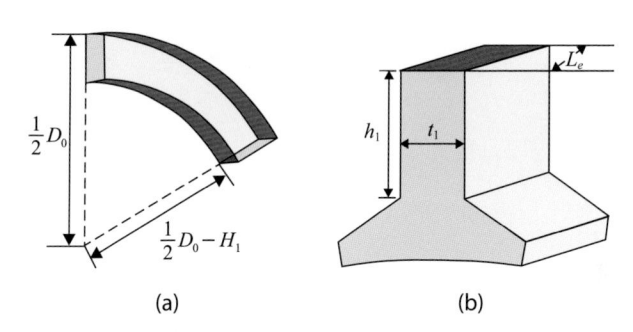

圖 3.17 定子 (a) 軛部與 (b) 齒部尺寸

(1) 軛部鐵損

$$P_y = k_y \frac{\pi}{4}\left[D_o^2 - (D_0 - 2H_1)^2\right] L_e \rho \qquad (3.87)$$

其中 ρ 為鐵心密度，L_e 為鐵心有效長度。查表可得鐵損係數 k_y (W/kg)，是頻率與磁通密度的函數。

(2) 齒部鐵損

$$P_t = k_t h_1 t_1 L_e N_S \rho \qquad (3.88)$$

由於齒鞋部分的磁通密度不易估測，因此忽略鞋部之尺寸。查表可得鐵損係數 k_t (W/kg)，是頻率與磁通密度的函數。

因為加工會使鐵損係數增加大約 k_m=2.5~3.5 倍，總鐵損為

$$P_i = k_m(P_y + P_t) \tag{3.89}$$

效率計算

$$\eta = \frac{3E_{rms}I_{rms}P_f - P_i - P_c - P_s}{3E_{rms}I_{rms}P_f} \tag{3.90}$$

其中 P_c 為銅損，包含一次銅損 $I^2 r_1$ 與二次銅損 $I_L^2 r_2'$；P_s 為雜散損，通常估計為總損失的 1~5%。

額定電流

由額定功率 $P_N = P_{in}\eta\cos\phi = 3I_{rms}E_{rms}\eta\cos\phi$，額定電流為

$$I_{rms} = \frac{P_N}{3E_{rms}\eta P_f} \tag{3.91}$$

額定轉速的滑差

由於轉子銅損為

$$P_r = 3r_2' I_L^2 \tag{3.92}$$

電機輸出功率為

$$P_{em} = 3r_2' I_L^2 \left(\frac{1-s}{s}\right) \tag{3.93}$$

以上功率總和是由定子端通過氣隙，供應到轉子的額定功率，又稱為氣隙功率，

$$P_{ag} = P_r + P_{em} = 3r_2'I_L^2 \frac{1}{s} \tag{3.94}$$

我們也發現電機輸出功率和氣隙功率的關係

$$P_{em} = P_{ag}(1-s) \tag{3.95}$$

因此，額定轉速的滑差可由下式求得

$$s_N = \frac{3r_2'I_L^2}{P_{ag}} = \frac{3r_2'I_L^2}{3E_{rms}I_L P_f} \approx \frac{r_2'I_{rms}}{E_{rms}P_f} \tag{3.96}$$

額定轉矩

$$T_N = \frac{P_N}{n_s(1-s_N)}\left(\frac{p}{2}\right)\left(\frac{60}{2\pi}\right) = \frac{P_N}{\omega_s(1-s_N)} \tag{3.97}$$

其中 ω_s 為定子磁場同步轉速，如 (3.22)，n_s 單位為 rpm。

起動電流與力矩

馬達起動時，$s=1$，所以

$$\frac{1-s}{s}r_2' = 0 \tag{3.98}$$

忽略圖 3.16(a) 中的 b_m 和 g_e，起動電流可以由下式求得

$$I_0 = \frac{E_{rms}}{\left|(r_1+r_2')+j(X_1+X_2')\right|} = \frac{E_{rms}}{\sqrt{(r_1+r_2')^2+(X_1+X_2')^2}} \tag{3.99}$$

起動力矩則為

$$T_0 = \frac{P_{ag}}{\omega_0} = \frac{3I_0^2 \frac{r_2'}{s}}{2\pi f_0/(p/2)} = \frac{3I_0^2 r_2'}{4\pi f_0/p} \quad (3.100)$$

其中 f_0 為定子磁場起動電氣頻率，ω_0 為對應的機械轉速。

停動轉矩

停動轉矩又稱為**崩潰轉矩** (pull-out torque)，如圖 3.18 所示之 T_m。當滑差過大時，馬達超過停動轉矩的高峰後就會失速。由於

$$T_e = \frac{P_{em}}{\omega_r} = \frac{P_{ag}(1-s)}{\omega_s(1-s)} = \frac{3E_{rms}^2 \frac{r_2'}{s}}{\omega_s \left[\left(r_1 + \frac{r_2'}{s}\right)^2 + X^2\right]} \quad (3.101)$$

對 T_e 微分，

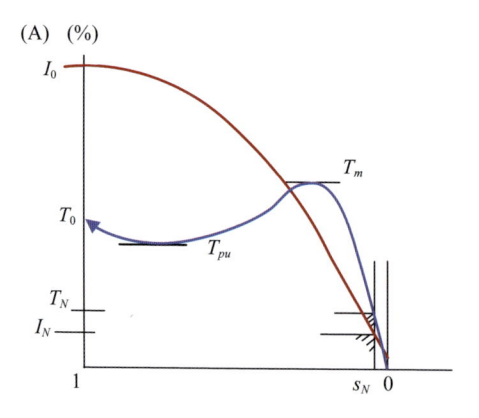

圖 3.18 馬達特性曲線圖

$$\partial T_e / \partial s = \frac{3E_{rms}^2}{\omega_s} \frac{\left[\left(r_1 + \frac{r_2'}{s}\right)^2 + X^2 - 2\left(r_1 + \frac{r_2'}{s}\right)\frac{r_2'}{s}\right]}{\left[\left(r_1 + \frac{r_2'}{s}\right)^2 + X^2\right]^2} \frac{r_2'}{s^2} = 0 \quad (3.102)$$

因此

$$s_{max} = \frac{r_2'}{\sqrt{\left(r_1^2 + X^2\right)}} \quad (3.103)$$

帶入 T_e，可得最大力矩

$$T_m = \frac{3E_{rms}^2}{2\omega_s \left(r_1 + \sqrt{r_1^2 + X^2}\right)} \quad (3.104)$$

習慣上，最大力矩常以額定轉矩之倍數表示

$$T_m\% = \frac{T_m}{T_N}100\% = \frac{3E_{rms}^2(1-s_N)}{2P_N\left(r_1 + \sqrt{r_1^2 + X^2}\right)}100\% \quad (3.105)$$

最大輸出功率

忽略圖 3.16(a) 中的 b_m 和 g_e，由阻抗匹配可知，當 $\frac{1-s}{s}r_2' = \left|(r_1 + r_2') + j(X_1 + X_2')\right|$ 時，負載端有最大功率。因此，最大輸出功率時的滑差為

$$s = \frac{r_2'}{\sqrt{(r_1 + r_2')^2 + (X_1 + X_2')^2} + r_2'} \quad (3.106)$$

由於

$$P_{em} = 3I_L^2(\frac{1-s}{s})r_2' \qquad (3.107)$$

$$= 3\frac{E_{rms}^2}{\left(r_1 + \frac{r_2'}{s}\right)^2 + X^2}(\frac{1-s}{s})r_2' \qquad (3.108)$$

代入最大輸出功率時的滑差後

$$P_{em,max} = \frac{3E_{rms}^2}{2}\frac{1}{(r_1 + r_2') + \sqrt{(r_1 + r_2')^2 + X^2}} \qquad (3.109)$$

習慣上，最大輸出功率會以額定功率之百分比表示

$$P_{em,max}\% = \frac{3E_{rms}^2}{2}\frac{1}{(r_1 + r_2') + \sqrt{(r_1 + r_2')^2 + X^2}}\frac{1}{P_N}100\% \qquad (3.110)$$

3.3 電磁設計與分析 (2D/3D)

馬達初步設計使用 0D/1D 進行，因其運算速度快，可以初步修改多項參數，進行設計評估，當確認馬達尺寸與材料後，即準備進入 2D/3D 之設計。進行 2D/3D 模型設計時，皆使用有限元素分析軟體進行計算，通常軸向長度夠大的徑向磁通馬達使用 2D 分析，而軸向磁通馬達的磁路沿軸向形成迴路，磁通走向並非平面變化，故使用 3D 模型才可分析磁路之變化。

以車用感應馬達為例，進行電磁設計分析的流程為 (1) 建立

模型、(2) 設定邊界條件、(3) 設定激磁條件、(4) 網格化、(5) 進行馬達性能分析。完成這五個步驟之後，最後經由後處理作數據整理，即可了解定/轉子磁通密度狀況、損耗與馬達效率，進一步確認馬達性能是否達到需求後，再進行參數敏感度分析及最佳化設計。

馬達電磁分析軟體已有許多商業化分析套件可選擇，下面以商業軟體 Ansys® 說明磁路模擬的設計流程。Ansys® 分別具 1D 到 3D 的模擬分析功能，簡述如下：

1. **Ansys® RMxprt™**：依據電機尺寸與材料特性進行電機性能運算，計算方式為公式和查表。分析時間快速，約需數秒至數分鐘。

2. **Ansys® Maxwell® 2D**：依據 2D 電機模型與材料特性進行有限元素模擬計算，可得到單一操作點的詳細資訊，包含磁場、磁力線、平均力矩、力矩漣波與各項損耗等，結果較為準確。分析時間較久，約需數分鐘至數小時。

3. **Ansys® Maxwell® 3D**：依據 3D 電機模型與材料特性進行有限元素模擬計算，可得到單一操作點的詳細資訊，分析結果與 Ansys® Maxwell® 2D 相同，結果最為準確。分析時間最久，約需數小時至數天。

進行 2D 與 3D 分析之前，必須知道馬達定/轉子的尺寸、電工資料與材料特性，並使用 Ansys® RMxprt™ 快速轉換出 2D 或 3D 模型。將已知的資料輸入至 Ansys® RMxprt™，藉由 Ansys® RMxprt™ 先做 1D 的數值運算並求解。接著再由 Ansys® RMxprt™ 輸出至 Ansys® Maxwell® 2D/3D。輸出到 Ansys®

Maxwell® 2D/3D 後,軟體可以直接將模型以及相關邊界條件設定完成,免除了許多繁雜的設定與模型幾何建立。最後,進入分析後處理觀察馬達磁路狀況。以下將詳述 2D 分析之流程。

〉3.3.1 建立馬達定 / 轉子分析模型

進行磁路分析最重要的第一步就是建立馬達定 / 轉子分析模型。圖 3.19、圖 3.20 為定 / 轉子工程圖示意(已將圖示之尺寸標註消除),將圖面上標註的尺寸輸入至 Ansys® RMxprt™。

〉3.3.2 電工資料

建立完馬達定 / 轉子分析模型後,需要再設定電工資料,其中包含:疊積長、匝數、並聯路徑數與線徑。

馬達繞線為使線圈產生的磁場與轉子產生的磁場對應,不同的槽極配對都會有不同的繞線配置。要了解馬達繞線的理

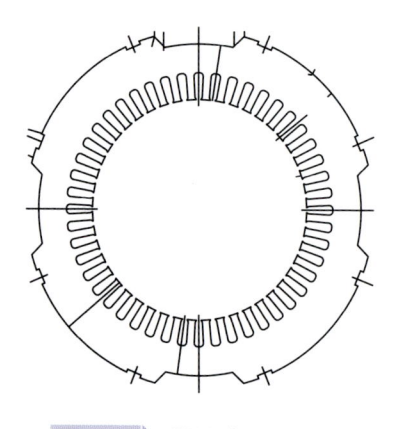

圖 3.19 馬達定子工程圖　　圖 3.20 馬達轉子工程圖

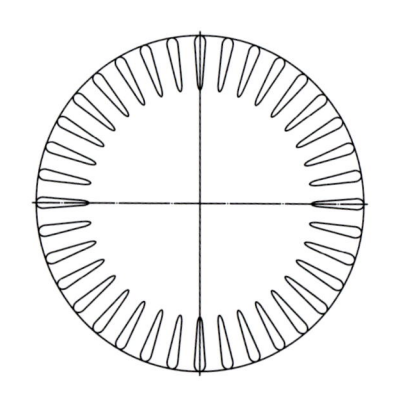

論，首先要先了解電氣角與機械角的差異，機械角為轉子旋轉一圈的角度，即一個圓形的 360 度，而電氣角為轉子旋轉時磁場變化一個週期的角度，轉子磁場是以 N→S→N→S 交替分布，並以 N→S 作為一個週期。當轉子旋轉 360 度，磁場經歷了 1 個週期的變化，則機械角與電氣角相同；若轉子旋轉 360 度，磁場經歷了 2 個週期的變化，則電氣角是機械角的 2 倍。其公式如下：

$$\theta_e = P \times \theta_m \tag{3.111}$$

其中 θ_m 為機械角、θ_e 為電氣角，此時 P 稱為極對數，若數值為 2，意指馬達轉子有 2 對 NS 為 1 組的磁場。繞線配置的方式與極數有關，極數影響到繞線的極距，極距代表每極所佔的槽數，其公式如下：

$$極距 = \frac{S}{2P} \tag{3.112}$$

其中 S 代表槽數。若是繞線實際跨的距離稱作節距，若是節距與極距相等，則此繞線稱為全節距，當節距小於極距時，則稱為短節距。

馬達繞線簡要可分為單層繞線與雙層繞線，單層繞線指每一槽僅一組線圈入線；雙層繞線指每一槽有兩組線圈入線。常見的單層繞線有同心式繞線、波形繞線兩類，本範例採用單層繞線中的同心繞線，其優勢在於入線方便，製造性較佳，但缺點是較浪費銅線。

同心繞線之示意圖如圖 3.21，同心繞因產生同一方向磁場之線圈繞組採以一中心點繞線而得名。以前述圖面之 4 極馬達為例，可知槽數為 48 槽，極數為 4 極，極距為 12，因同心繞屬單層繞線，又馬達為 3 相馬達，每相有 48/3/2＝8 組線圈，繞線採全節距繞線。因馬達是 4 極，A 相繞線應繞成如圖 3.21 中之 A 繞線，可看出有兩組 A 與 A' 的繞線，可依序產生 N-S-N-S 之磁場。以其中一組 A 繞線來看，共有 2 組線圈，其中外圍線圈為全節距，從第 1 槽入線的話則出線端為第 12 槽，內側的線圈入線會在第 1 槽的隔壁，即第 2 槽，出線端則會在第 11 槽。由此規則可建構出本案例的繞線。

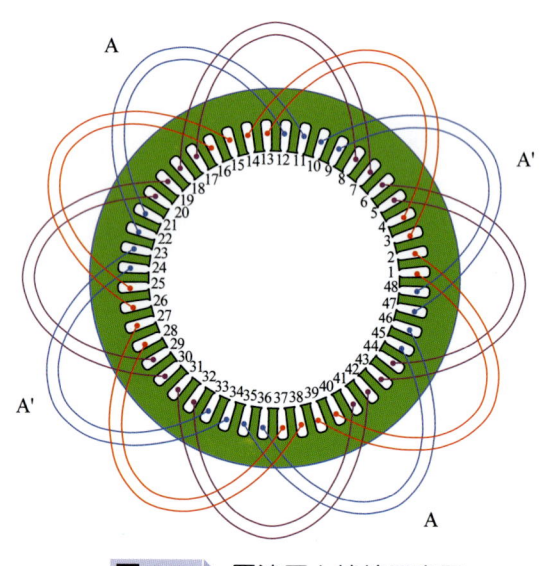

圖 3.21 馬達同心繞線示意圖

3.3.3 馬達材料

分析馬達磁路前需輸入的資料參數包括幾何、電工、材料三項。從此分析中選用的電磁矽鋼片是中鋼 50CS600。此品級矽鋼片為 50 系列中的中等品級，其他馬達材料如表 3.15。

表 3.15 馬達材料

定/轉子	50CS600
繞線	銅
導體條	鑄鋁
端環	鑄鋁

3.3.4 Ansys® RMxprt™ 分析

在有了上述的馬達定/轉子尺寸、電工資料與材料之後，就可以開始進行 Ansys® RMxprt™ 的設定。Ansys® RMxprt™ 主要是以公式演算的方式進行求解，與 Ansys® Maxwell® 2D 有限元素求解有所不同，所以兩者求解過程中所需的時間也不同。要進行 Ansys® Maxwell® 2D 磁路分析前，可先由 Ansys® RMxprt™ 快速建立模型幾何、材料設定、邊界設定、激磁設定等，再轉換至 Ansys® Maxwell® 2D，進一步獲得單一操作點的詳細資訊。

3.3.5 Ansys® Maxwell® 2D 分析

延續 Ansys® RMxprt™ 所求解之結果，轉換成 Ansys® Maxwell® 2D。

3.3.6 3D 設定方法

進行 3D 分析時，其分析步驟與 2D 是相似的，而且設定也比較簡單，但由於求解運算會比較長，故一般仍會先進行 2D 分析獲得單一操作點的詳細資訊。

3D 分析可以從 Ansys® RMxprt™ 轉換，其進入到 Ansys® Maxwell® 3D 後的設定與 Ansys® Maxwell® 2D 是一樣的，如圖 3.22。而 3D 模型為求準確，需要注意的是網格 (mesh) 的數量。完成以上設定後進行求解，就可以得到 Ansys® Maxwell® 3D 的數據。

3.3.7 車用感應馬達磁路分析結果

完成求解後，接著就是進行後處理的部分。後處理主要是做數據整理，而觀察感應馬達磁路不外乎就是先看磁力線與整體的磁通密度分布。因為分析的感應馬達為 4 極，所以磁力線會有四個封閉迴圈磁力線，分布在馬達的定 / 轉子。若不是出現

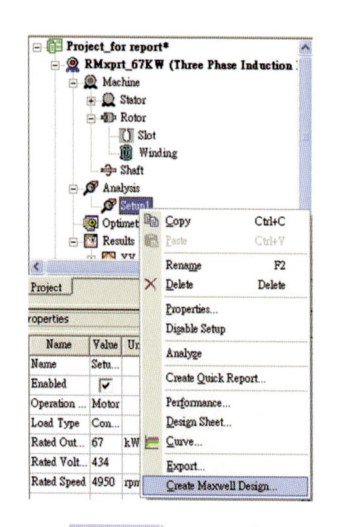

圖 3.22　Ansys® RMxprt™ 產出 3D Ansys® Maxwell® Model

四個封閉迴圈，則必須回到繞線 (winding) 設定做檢查。

以圖 3.23 的馬達磁路狀況為例，從磁力線圖可以看到明顯的四個封閉迴路，表示繞線的設定是正確的。從磁通密度分布來看，定子的磁通密度會較高於轉子一些，但都還沒到矽鋼片的飽和區，這表示此一操作點還留有一部分的工作範圍給更高功率操作。相對地，此時馬達所產生的熱並沒有很多。再來可以針對磁通密度做細部的觀察，通常觀察的地方是定子齒部、定子軛部、轉子齒部以及氣隙。

觀察完馬達磁路後，可以進行效率計算分析。馬達效率為輸出機械功率除以輸入電功率。輸入與輸出之間會有損耗的產生，這些損耗基本上有定子銅損、轉子銅損、鐵損、風/機械損以及雜散損。銅損的部分主要是銅線與導體條，公式為電流的平方乘以電阻。而電阻等於電阻係數乘以長度除以面積。鐵損變化基本上與磁通密度大小與頻率成正比。至於風/機械損以及

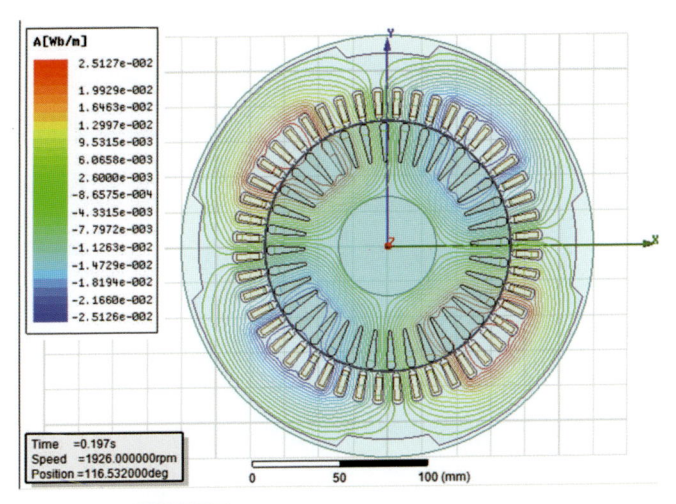

圖 3.23 Ansys® Maxwell® 分析 A 場

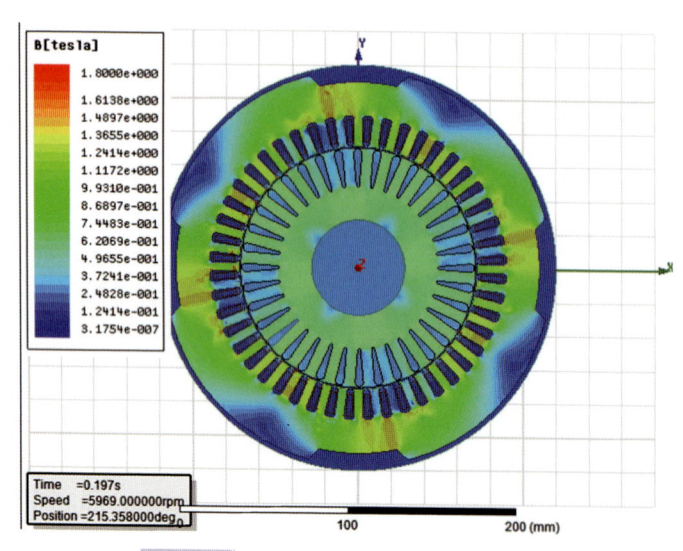

圖 3.24　Ansys® Maxwell® 分析 B 場

雜散損是整個損耗中最難估算的一部分，但可依參考電機機械相關文獻作為概略的估算。表 3.16 為風 / 機械損以及雜散損常用的經驗公式。

本節依據定 / 轉子工程圖、電工資料以及已知的材料，介紹了馬達 2D/3D 磁路分析。本分析並未考慮矽鋼片沖壓後對磁通密度的影響，也未考慮溫昇後對定 / 轉子銅損的影響，這方面

表 3.16　機械 / 風損以及雜散損經驗公式

機械 / 風損	
極對數	損耗
1	3% 額定功率
2	1.2% 額定功率
3/4	0.8% 額定功率
雜散損 = 1% 額定功率	

的影響可以藉由應力與電磁場的耦合分析，或是由實際測試數據，建立矽鋼片隨溫度變化的 B-H 曲線，以及在不同殘留應力下的鐵損數據；溫昇影響可以藉由熱傳與電磁耦合分析，求得定/轉子溫度分布，再轉換至電磁場，或是經由實際量測數據求得損耗。以上的解決方案，目的都是模擬出更接近於實際狀況的馬達性能。

3.4 車用感應馬達磁路分析

以下以一個額定 72-kW 車用馬達為例，介紹分析之重點結果，電機之設計流程則不作詳細說明。使用商業軟體 Ansys® Maxwell® 進行磁路模擬前，必須知道馬達定/轉子的尺寸、電工資料與材料參數，將已知的資料輸入至 Ansys® RMxprt™，藉由 Ansys® RMxprt™ 先做 1D 的數值運算，接著再由 Ansys® RMxprt™ 輸出至 Ansys® Maxwell® 2D。

利用 RMxprt™ 的結果檔，轉換為 2D 資料，進行有限元素分析。轉換完成之狀態如圖 3.25。

3.4.3 車用感應馬達磁路分析結果

完成求解後，接著就是進行後處理的部分。後處理主要是做數據整理，而觀察感應馬達磁路不外乎就是先看磁力線與整體的磁通密度分布（圖 3.26）。因為分析的感應馬達為 4 極，所以磁力線會有四個封閉迴圈分布在馬達的定/轉子。

首先先觀察 72-kW 馬達的磁路狀況。從磁力線可以看到定

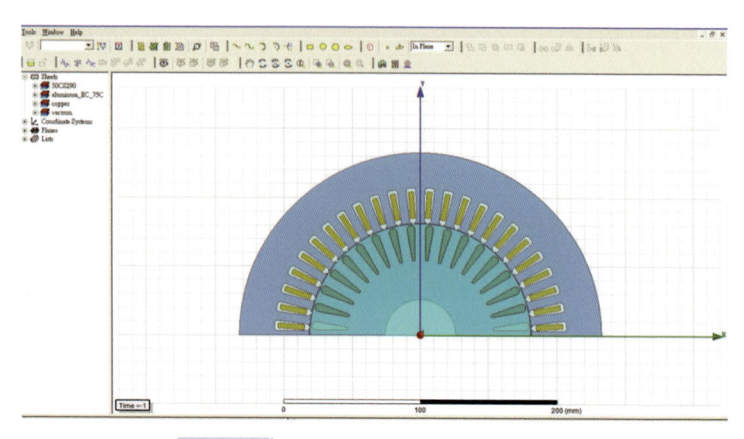

圖 3.25 ▸ Ansys® Maxwell® 2D 模型

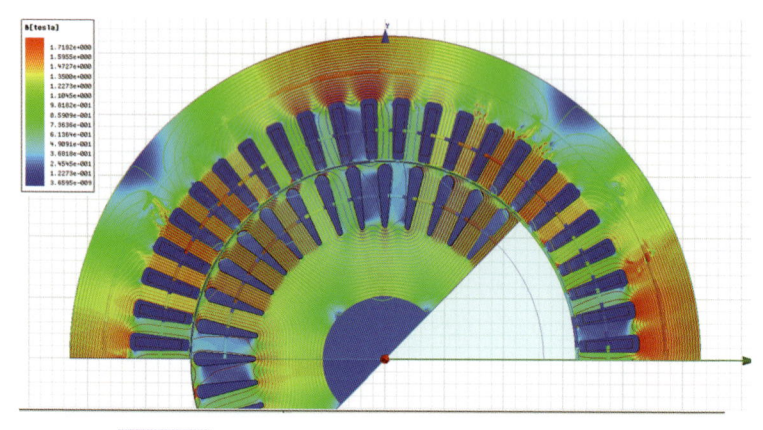

圖 3.26 ▸ 72-kW 馬達的磁力線與磁通密度分佈

子軛部有一個封閉迴路，另外兩個為半個封閉迴路。表示繞線的設定是正確的。從磁通密度分布來看，定子的軛部與齒部、轉子齒部顏色比較偏紅，表示磁通密度較高。圖 3.27~3.30 為細部的磁通密度分佈結果。馬達電流與轉矩輸出狀況，如圖 3.31、圖 3.32。所有數據分析結果整理如表 3.17。

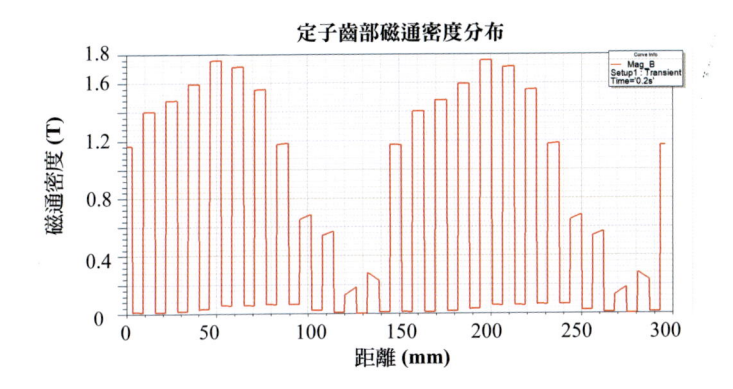

圖 3.27 72-kW 馬達的定子齒部磁通密度分佈

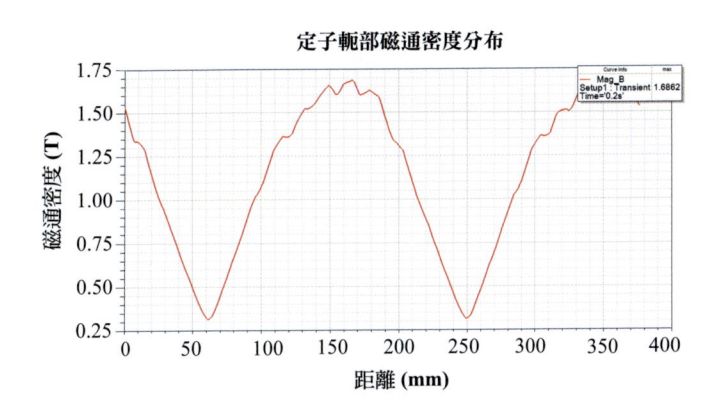

圖 3.28 72-kW 馬達的定子軛部磁通密度分佈

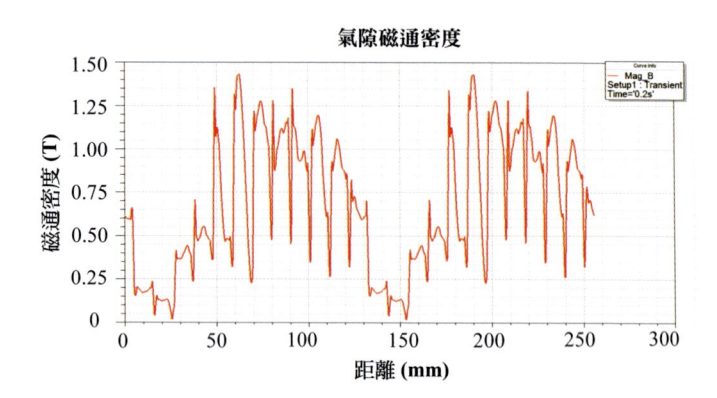

圖 3.29 ▸ 72-kW 馬達的氣隙磁通密度分佈

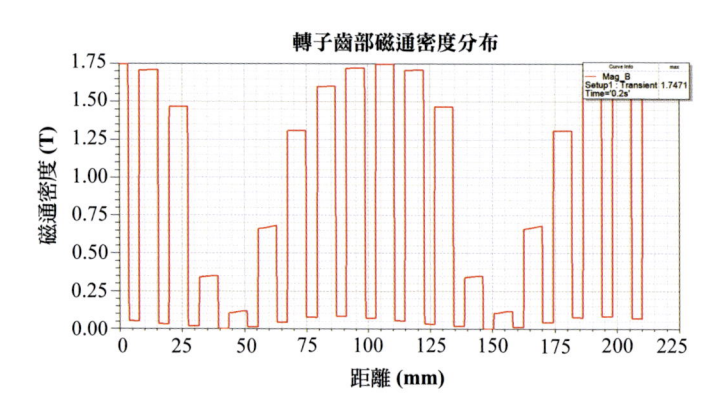

圖 3.30 ▸ 72-kW 馬達的轉子齒部磁通密度分佈

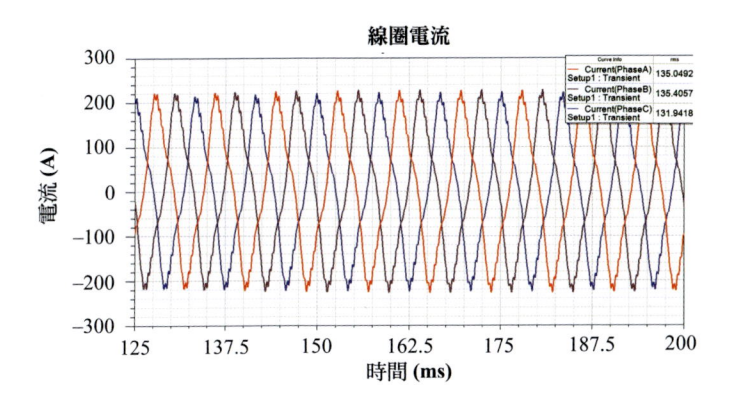

圖 3.31 72-kW 馬達的三相電流

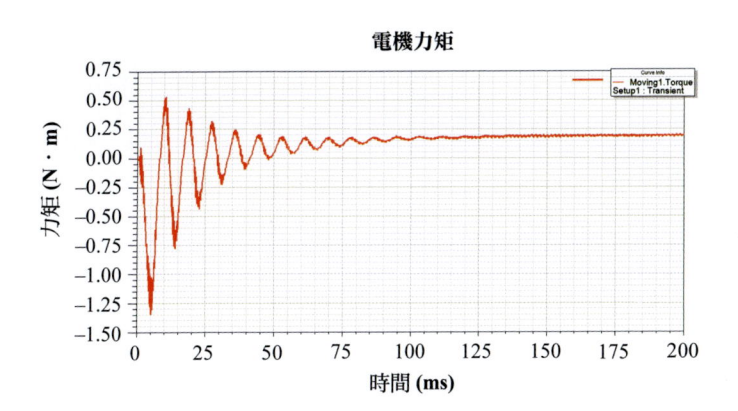

圖 3.32 72-kW 馬達的轉矩輸出

表 3.17 ▸ 72-kW 馬達在額定點分析數據總整理

72-kW 馬達的額定點分析結果			
轉速	3577 rpm	電壓	250 V
矽鋼片	50CS290	繞線接法	4 Δ
分析結果			
穩態轉矩	191.8 N·m	三相電流 (U)	135.4 A (max.)
		三相電流 (V)	131.9 A (max.)
		三相電流 (W)	135.0 A (max.)
磁通密度 (峰值)			
定子軛部	1.69 T	轉子齒部	1.75 T
定子齒部	1.76 T	氣隙	0.78 T

3.4.4 效率分析

觀察馬達磁路後，可以進行效率計算分析。請參考 3.3.7 節內容。馬達效率為輸出機械功率除以輸入電功率。利用分析軟體與計算公式可得到定子銅損、轉子銅損、鐵損、風 / 機械損以及雜散損等值。為得到 72-kW 馬達額定點之效率。先以 Ansys® Maxwell® 計算之鐵損、定子銅損、轉子銅損，如圖 3.33~3.35。

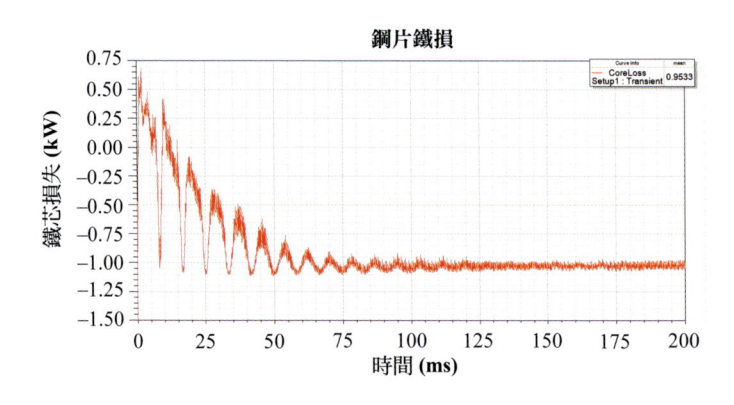

圖 3.33 ▸ 72-kW 馬達在額定點的鐵損 (最大值：0.95 kW)

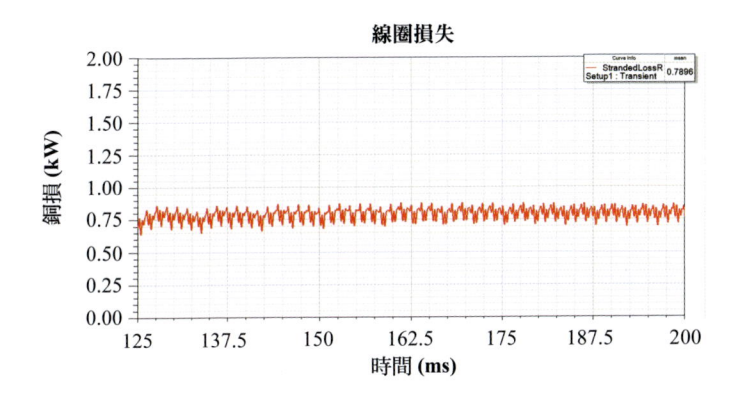

圖 3.34 72-kW 馬達在額定點的定子銅損（最大值：0.79 kW）

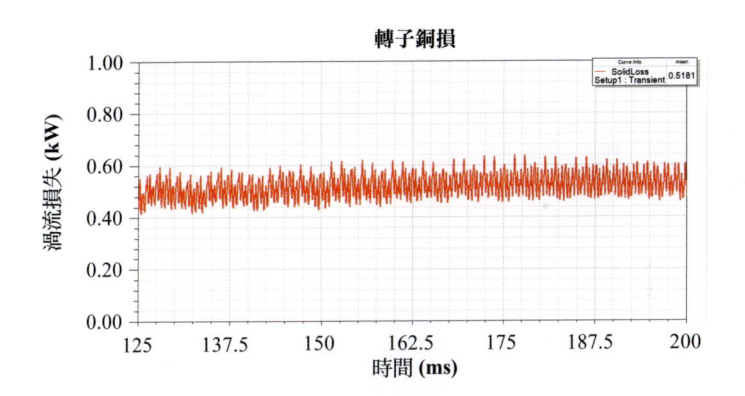

圖 3.35 72-kW 馬達在額定點的轉子銅損（最大值：0.52 kW）

再套用公式機械 / 風 / 雜散損，計算整理數據後可得表 3.18。

表 3.18　72-kW 馬達在額定點各項損耗與效率

鐵損 (W)	953
一次銅損 (W)	790
二次銅損 (W)	518
機械/風/雜散損 (W)	1598
總損耗 (W)	3859
額定轉矩 (N·m)	191.8
額定轉速 (rpm)	3577
效率 (%)	95

接著進行效率地圖之分析。此馬達額定點在於 120 Hz@250 V，頻率的分析範圍由 20~200 Hz，每 20 Hz 為一個基準。這也包含了定轉矩區以及定功率區。運用效率分析之方法建立此顆馬達的效率地圖，如圖 3.36。

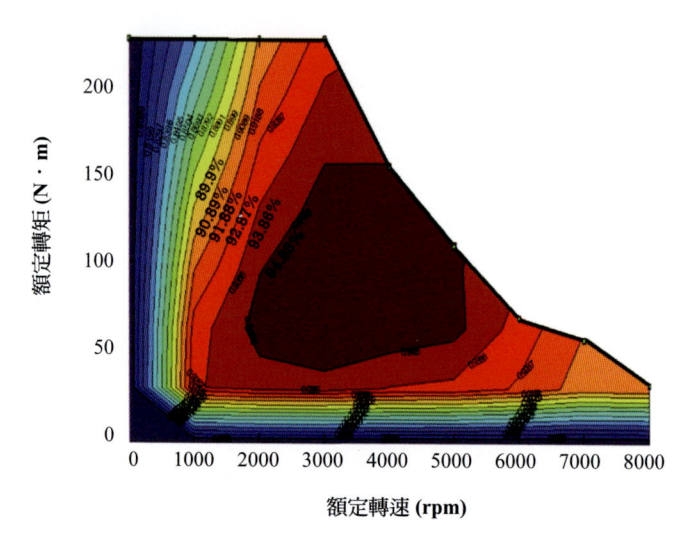

圖 3.36　馬達效率地圖

3.4.5 結論

從範例分析的結果來看，此馬達的定轉子齒部磁通密度都高達 1.7T。這說明馬達整體工作點偏高，磁裝載的比例也高，鐵損與磁裝載是成正比的。換個角度來說，這顆馬達可以藉由較少的滑差產生較大的轉矩。設計馬達時，若遇到功因偏低的問題，可以將匝數增加來得到較高的功因。匝數增加也有另一個好處，可以降低鐵損，讓效率有機會上升。不過，變動了匝數之後，馬達額定點要重新定義。此外，匝數增加的缺點是馬達響應會變差，對於電動公車來說，響應也是特性的要求之一。從定子的設計可以發現，軛部的磁通密度都會比齒部來的高，這對於磁路的流動會有影響，尤其是在過負載的時候。

利用有限元素分析軟體進行馬達的磁路分析，到最後的效率計算，可以詳細的了解一個馬達的特性，此外，馬達分析軟體也可以建立損耗地圖、計算電磁力，甚至知道永磁馬達的磁鐵退磁特性。本章節僅針對最基本的感應馬達模擬需完成的分析，深入去了解軟體功能與可進行的工作，可讓馬達模擬變得更有趣豐富，也可以了解更多馬達細節特性與知識。

3.5 電磁與熱流耦合分析

3.5.1 前言

電動車用動力系統主要包含電池、控制器與馬達，馬達做為其中的動力輸出，是重要的關鍵零組件。過去馬達設計是先進行電磁設計，確認性能後，再針對熱傳特性進行分析，最終分析熱傳性能。事實上，馬達在操作上電磁與熱傳是相互影響的，電磁損耗產生的熱會造成性能下降，也會造成結構受熱應力的變化。傳統馬達設計將不同物理量以一條鞭式的設計流程，分別進行設計的方法，已經無法準確地預估馬達性能。為更準確地了解系統的實際狀態，近年來有限元素軟體開發商開始發展多重物理耦合分析之功能，將不同領域的分析軟體，透過同一平台進行連結，藉此考量不同物理互相耦合的效應。本節以車用 50-kW 內藏永磁馬達 (interior permanent-magnet motor, IPMM) 為例 [3-11]，展示電磁 - 熱傳之耦合分析方法，並藉由分析和實驗結果的比對，確認設計方法的可行性。

3.5.2 馬達電磁 - 熱傳耦合分析技術

電動車用馬達因操作範圍廣，輸出變化大，過去將電磁與熱傳分開做分析之方法，因無法預測溫度對材料特性的變化，造成雛型測試時才發現設計失誤，增加設計迴圈與材料成本。最新趨勢是針對馬達電磁 - 熱傳之耦合建立分析流程，並將分析結果進行實驗比對，確認分析結果；再以電磁 - 熱傳耦合模擬分析技術，利用電磁分析軟體 Ansys® Maxwell® 與熱流分析軟體 Ansys® Fluent®，針對 50-kW 內藏永磁馬達建模與分析。電磁 - 熱傳耦合模擬分析流程，如圖 3.37 所示，藉由 Ansys® Maxwell® 分析出馬達的電磁損耗，再匯入 Ansys® Fluent® 作為發熱源，而此流程著重在熱流模型的建立與設定。而電磁 - 熱傳耦合模擬分析流程主要分為五個步驟：(1) 馬達的電磁損耗分析，(2) 建立馬達的熱流分析模型，(3) 建立模擬模型之計算網格，(4) 馬達邊界條件設定與電磁損耗耦合，(5) 設定數值解法。

每個步驟所需求之設計輸入，如表 3.19 所示。

第三章 電機設計與分析

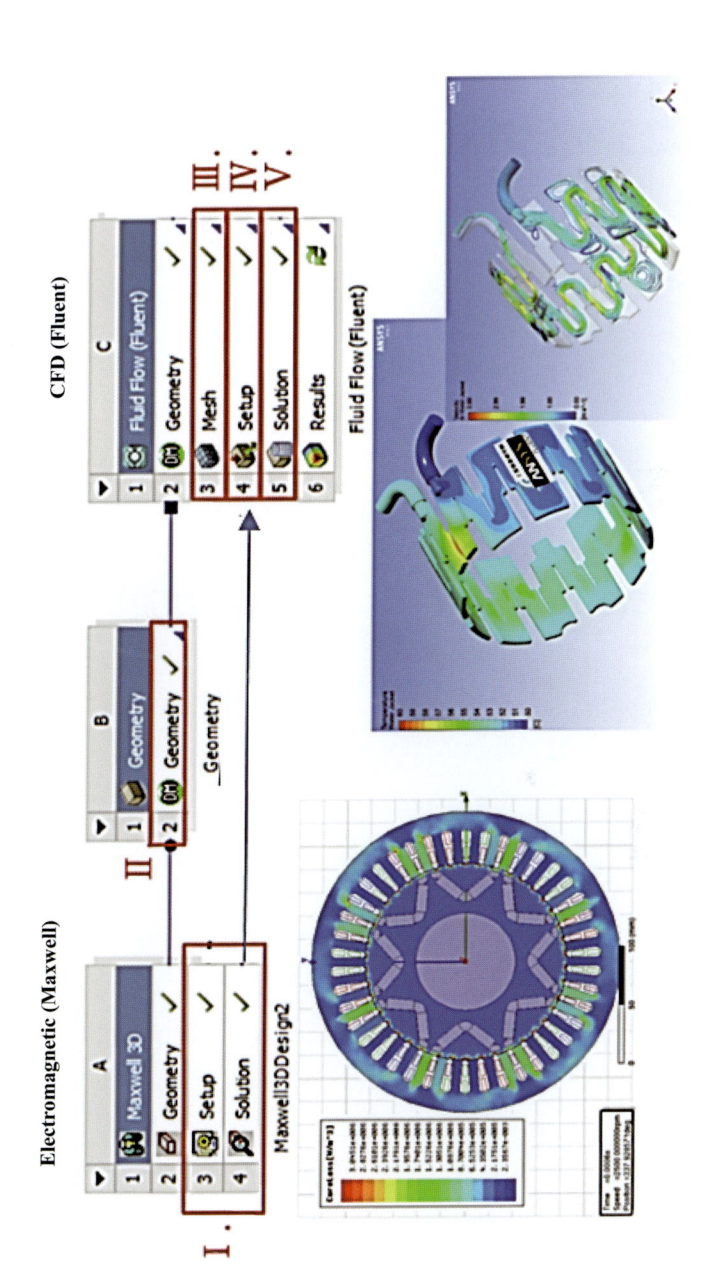

圖 3.37 電磁－熱傳耦合流程

表 3.19 電磁-熱傳耦合流程所需之設計輸入

Step	Input
1	馬達尺寸(CAD)、馬達材料、操作電壓、電流、轉速
2	馬達尺寸(CAD)
3	馬達尺寸(CAD)
4	馬達電磁損失、馬達材料、操作轉速、冷卻液流量、冷卻液初溫、環境溫度
5	設定數值解法

3.5.2.1 馬達之電磁損耗分析

Ansys® Maxwell® 損耗分析之結果僅能計算定轉子之鐵損值，若要分析出馬達之效率，還須利用公式計算馬達之銅損與雜散損，因此，下面將簡述效率計算方法，以及計算和分析之結果。

一般馬達之效率計算方式是計算馬達損耗，得到輸出與輸入馬達功率的比值，即為效率。公式如下：

$$\eta = \frac{P_{out}}{P_{in}} = \frac{P_{out}}{P_{out} + P_i + P_c + P_s} \quad (3.113)$$

其中 η 為馬達效率，P_{in} 與 P_{out} 為輸入與輸出功率，P_i、P_c、P_s 分別為鐵損、銅損與雜散損，馬達的損耗以這三種損失組合而成。鐵損分為磁滯損與渦流損，前者是磁場變化造成的損失，後者為受磁場影響在矽鋼片感應出渦電流產生的損耗。銅損為定轉子之銅線通過電流產生的損失。雜散損為機械方面的損失，舉凡風損、軸承損耗、摩擦損和其餘機械性的損耗皆是。以下各節將說明各種損耗計算分析之方法。

(a) 銅損

銅損的計算公式如下：

$$P_c = 3I^2 R \tag{3.114}$$

其中 I 為輸入之電流方均根值，即為驅控器輸出之電流。R 為每相銅線之電阻，電阻可依實驗數據得到，或是計算銅線總長度，再乘上對應線徑每單位長度的電阻值，即可估算電阻。

若馬達之最大輸出功率為 25 kW，最大輸出相電流峰值為 106 A，線徑為 1.2 mm，每槽匝數為 220 匝，並聯數為 6。依電機尺寸，估算每槽銅線總長度為 21.247 m，線徑 1.2 mm 之銅線每公里之電阻為 16.04 Ω，故每槽之銅阻為 0.3408 Ω，根據並聯數計算每相之銅阻為 0.0568 Ω。依銅損計算公式得到銅損為 957.3 W。

(b) 鐵損

鐵損主要是根據材料特性常數、頻率與磁場強度進行計算，也有根據重量進行初算，但準確度遠不及前者。鐵損公式如下：

$$P_i = P_h + P_e = k_h f B^n + k_e f^2 B^2 \tag{3.115}$$

其中 P_h 為磁滯損，P_e 為渦流損，k_h、k_e 為材料特性常數，f 為頻率，B 為磁通密度。上述之鐵損公式為近似值，此類計算公式在許多文獻中皆有提及，但各家說法不同，主要都是在因次與材料特性常數值的變化。

為了準確得到鐵損計算值，可在 Ansys® Maxwell® 軟體建立鐵芯材料的鐵損曲線作分析計算。因參考的是廠商或是實測的曲線值，須注意的是數據的準確性。軟體僅是讀取建立好的數據表格中的值進行計算，因此資料的誤差是造成鐵損估算錯誤的主因。

(c) 雜散損

雜散損主要包括軸承摩擦損耗與風損兩部分，其餘部分因太小可以被忽略。

$$P_s = P_B + P_W \tag{3.116}$$

軸承摩擦損耗 (P_B) 公式如下：

$$P_B = k_b \times G_{rotor} \times n \times 10^{-3} \tag{3.117}$$

其中 k_b 是經驗係數，介於 1.0~1.5 之間，n 為馬達轉速 (rpm)，G_{rotor} 為馬達的轉子重量，包含轉子矽鋼片、磁鐵、轉軸與其他結構件之重量。

風損 (P_W) 之公式如下：

$$P_W = 2D_{g2}^3 \times n^3 \times L_e \times 10^{-6} \tag{3.118}$$

其中 D_{g2} 為轉子外徑 (m)，L_e 為轉子的軸向長度 (m)。

於 Ansys® Maxwell® 分析時，輸入材料之鐵損曲線如圖 3.38，分析後可得到馬達鐵損分布如圖 3.39。網格點中的損耗數據將於耦合模型中在 Ansys® Workbench™ 中自動映對 (mapping) 對熱傳模型中，進行設定。由於電磁分析不包含機械損失的部分，這一部分也將在耦合模型中進行分析。

第三章 電機設計與分析　113

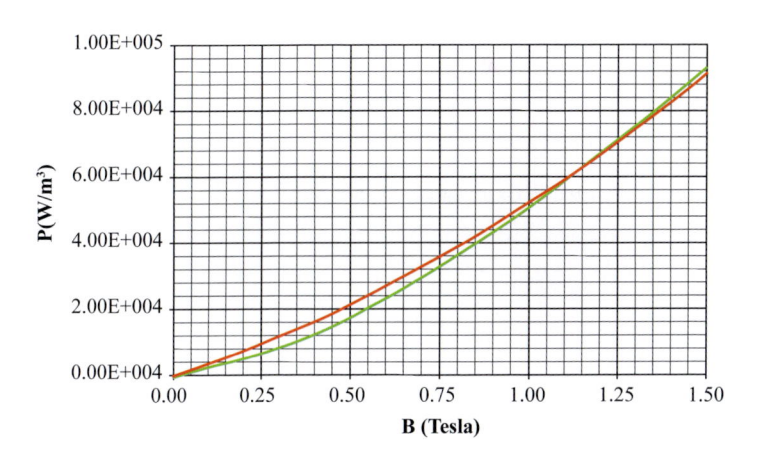

圖 3.38 矽鋼片材料鐵損曲線

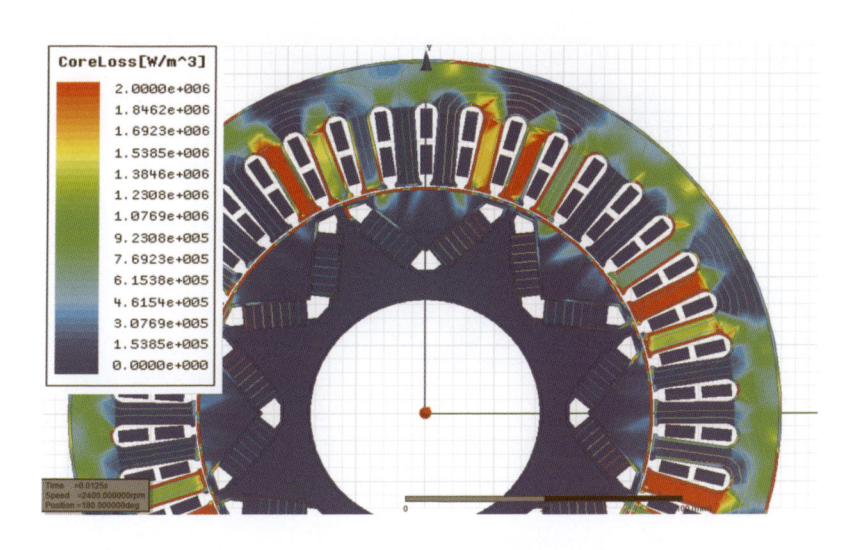

圖 3.39 鐵損分布

3.5.2.2 馬達的熱流分析模型之建立

馬達模型（圖 3.40）主要分為外殼、定子與轉子三大區塊，並且於外殼內設計冷卻水道。為建立 CFD(computational fluid dynamics) 模擬用之模型，針對模型中對於熱傳流場模擬不重要之幾何特徵進行修整，避免不必要的幾何特徵造成網格數量的上升甚至影響網格品質，而需修整之幾何特徵常見的有導圓角、螺孔螺紋等。除馬達本身之結構模型外，尚需加入對馬達熱傳導有影響之冷卻水道模型，以及定轉子間的氣隙模型。

圖 3.40 馬達模型

3.5.2.3 模擬模型之計算網格之建立

模擬計算之網格有 Pyramid、Prism、Tetrahedron、Hexahedron 等幾種型式可以使用，如圖 3.41。而不同型式網格的選用需考慮到模擬的條件與幾何形狀，Hexahedron 的網格是正交網格，因為需要較少的數值外插，所以網格精準度和穩定性會相對比較優異，但幾何要求就會嚴苛。相對於 Hexahedron 網格，Pyramid 網格精準度相對較低，但是幾何卻擁有較彈性的限制，複雜幾何外形會較容易生成網格。由於在轉子與定子的固體熱傳有等向之熱傳特性，此部分的網格使用的是 Hexahedron。為準確模擬轉子與定子間氣隙的剪切流場，同樣選擇使用 Hexahedron。至於在冷卻水道部分，特別在近壁面的區域建立邊界層，以分析冷卻水與馬達外殼之間的熱傳現象。為方便建立網格並節省網格數，於馬達不同區域搭配使用不同型式的網格，以取得計算量和精確性之間的平衡。建置完成之

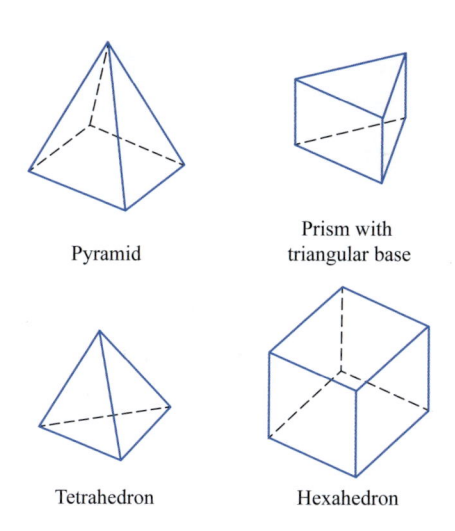

圖 3.41 Pyramid、Prism、Tetrahedron、Hexahedron 之網格示意圖

馬達外殼、定轉子、以及冷卻水套之網格，如圖 3.42 所示。

圖 3.42 馬達外殼、定轉子、冷卻水套網格建置

3.5.2.4 馬達邊界條件設定與電磁損耗耦合

於馬達冷卻水套入口處連接一水幫浦，遂設定一固定流量之入口邊界條件，並於出口設置為壓力出口之邊界條件。假設馬達外殼周圍為自然對流，並於馬達外殼設置自然對流之熱對流係數，轉子旋轉區域則以 MRF(moving reference frame) 設定轉速，進行轉子旋轉下的流場模擬，其邊界條件設定如表 3.20。將 Ansys® Maxwell® 所分析的馬達電磁損耗，匯入 Ansys® Fluent® 作為其發熱條件，假設繞線之銅損為均勻分布，並由電流和電阻計算而得，而定子與轉子之鐵損分布則是以 Ansys® Maxwell® 分析之結果，耦合至 Ansys® Fluent® 的馬達模型相對應之幾何位置，以模擬馬達於非均勻的電磁損耗下的溫度分布。

表 3.20 Ansys® FLUENT® 邊界條件設置

Boundary	Value
Inlet of water jacket	Velocity=0.453 m/s, Temperature=46°C
Outlet of water jacket	Gauge static pressure=0 Pa
Outer surface of housing	Free stream temperature = 39°C , Heat transfer coefficient = 10 W/(m²K)
Copper losses of windings	859.7 W
Core losses	Obtained from Maxwell
Rotating speed	2500 rpm

3.5.2.5 設定數值解法

此馬達旋轉造成之流場與冷卻水套為高雷諾數之紊流場，因此在紊流模型上選用 RANS(Reynolds Averaged Navier Stokes) $\kappa\text{-}\varepsilon$ 模型[3-12]，並選用 Second Order Upwind Scheme 和 Body Force Weighted Scheme，進行空間差分與壓力場計算，並在計算過程中觀察壓力、動量、能量等之殘差值是否收斂。

3.5.3 電磁-熱傳耦合模擬結果

透過 CFD 軟體 Ansys® Fluent® 計算，並考慮馬達的電磁損耗，模擬馬達於旋轉的情況下，溫度分布與線圈繞組之最高溫，模擬的溫度分布結果，如圖 3.43，冷卻水流經外殼內部的水道將馬達內部所發熱量帶走，因此冷卻水之出口處水溫高於入口處的水溫。馬達定子之溫度分布在線圈端部為最高溫，原因是線圈端部之散熱方式僅由馬達內部之空氣散熱，因此在端部區域的熱量大部分靠線圈本身，傳導至線圈與定子矽鋼接觸區域，因此定子繞線的溫度分布在與矽鋼接觸區域為最低溫，往兩邊端部溫度則逐漸上升。

圖 3.43 ▸ 冷卻水道、馬達外殼、定子之溫度分布模擬結果

　　透過模擬分析，可以改善冷卻水道的散熱設計，如圖 3.44 所示，藉由模擬出冷卻水道之流線可以觀察到，在水道每個折返處會產生局部迴流區域，在迴流區域之水的流速較慢，且水停留的時間較長，因此在冷卻水道折返處溫度相對較高。在設計改善時，可以針對此一現象進行調整，以減少迴流區的產生。此外，觀察馬達剖面各零件間溫度分布結果，如圖 3.45 所示，轉子與定子間為一空氣層的間隙，其熱傳效果較差，因此在靠近磁鐵區域轉子的鐵損造成，相當高的溫升。

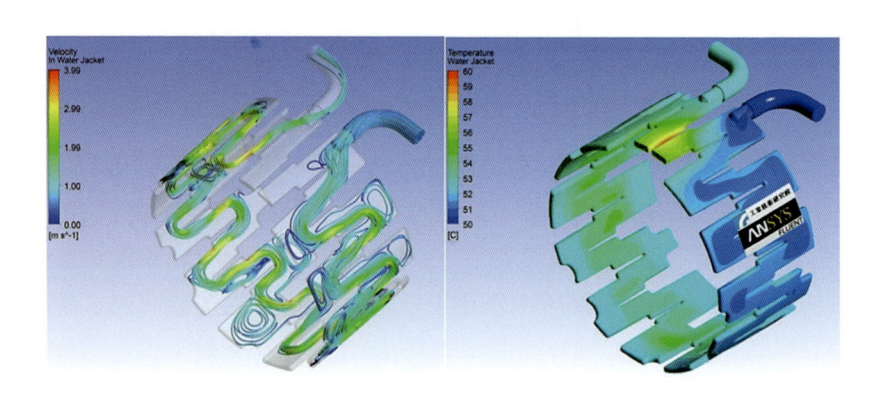

圖 3.44 ▸ 冷卻水道之流線模擬結果與溫度分布模擬結果

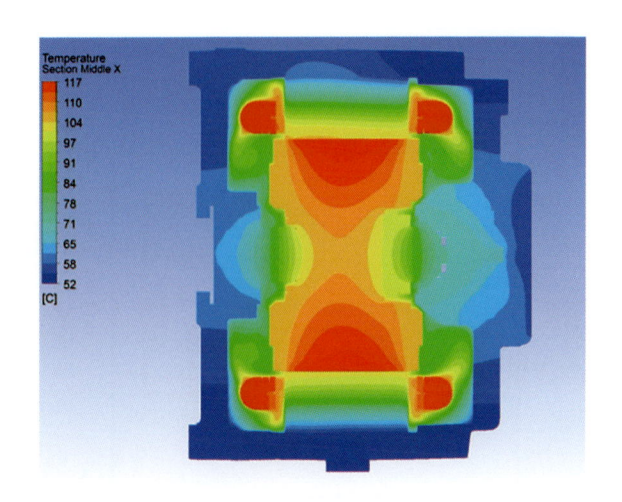

圖 3.45 馬達各零件剖面之溫度分布模擬結果

3.5.4 實驗配置與結果分析

配合模擬結果進行馬達溫度量測實驗，其實驗方式為將馬達連接一動力計，並驅動馬達至預設之轉速與扭力 (表 3.21)。實驗過程中記錄馬達輸入輸出間的損耗，並且記錄各觀測點之溫度變化直至穩定，也就是在一小時內，溫度變化不超過 2°C，如圖 3.46。實驗配置如圖 3.47 所示。

表 3.21 馬達溫度量測實驗操作條件

馬達功率 (kW)	35
馬達轉速 (rpm)	2500
扭力 (N·m)	134
馬達效率 (%)	94.7
功率損失 (W)	1855
冷卻水溫差 (°C)	2.4

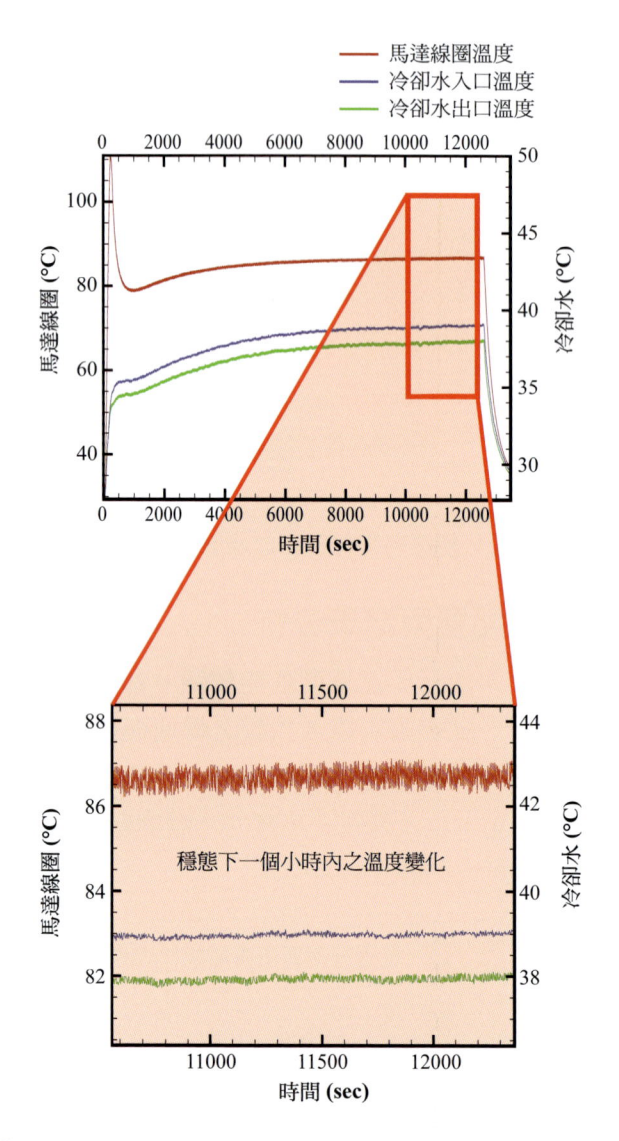

圖 3.46 ▸ 溫度量測實驗之穩態到達條件 (溫度變化一小時內不大於 2°C)

第三章 電機設計與分析

圖 3.47 馬達溫度量測實驗配置圖
(‧ 表示溫度量測點，① 為冷卻水入口，② 為冷卻水出口)

　　將實驗所記錄之損耗作為模擬之輸入條件，並比較實驗與模擬之溫度，如表 3.22，結果顯示在冷卻水之模擬與實驗結果相當接近，說明馬達整體散熱能力在此一模擬配置中具有相當好的準確性，然而局部的模擬準確性，如線圈最高溫實驗值為 137°C，而模擬結果為 119°C，造成此一部分誤差的可能原因有：

1. 不同馬達零件間的接觸面，因製造組裝間隙造成接觸熱阻。
2. 馬達所使用的材料特性準確度不足，其中包含定子矽鋼片疊積的非等向性熱傳導係數。

　　然而，透過模擬分析，仍然足以提供許多定性上的解析，如水道設計改善、定轉子間熱傳導效益等。藉由電磁 - 熱傳耦合模擬，在設計初期可以將馬達之電磁影響，帶入熱傳模擬分析，瞭解電磁損失如何導致馬達升溫，同時改善馬達散熱設計，以符合車用馬達的規範。

表 3.22 實驗與模擬結果之比較

	Experimental Data	CFD Data
Temperature difference between inlet and outlet of water jacket (°C)	2.4	2.7
Temperature of windings (°C)	137	119

3.5.5 結論

多重物理耦合分析技術連結不同物理量之關係,並分析車用馬達電磁特性對熱傳之影響,最終與實驗結果進行比對,可準確預測馬達溫升。馬達電磁與熱傳之耦合分析技術,可用於各種馬達系統,未來將同時整合馬達控制,進行更完整的系統分析,全面性瞭解動力系統特性。

使用多重物理量之系統分析,除了可以瞭解現有系統的特性,更可進一步分析不同設計參數對系統特性的影響、設計公差對電磁之影響、或熱傳系統的改變對電磁特性的影響等。整體系統的參數化可作為細部設計完成後,系統工程師對馬達整體和控制系統,甚至於車輛系統之整體瞭解,將有助於預測開發、製造及驗證結果,避免多次耗費時間與成本的設計與製造迴圈。對整體系統進行降階分析後,更可利用最佳化設計與降階模型之整合分析,模擬估測車輛系統性能。

現今車廠對於車輛系統之瞭解,除了過往的設計經驗外,為了避免過多的開發成本,系統性分析的重要性日漸提升,多重物理耦合分析技術發展已漸成為主流。台灣作為馬達主要出口國之一,若要提升產品價值,必須由單純的性能設計,進入到品質與可靠度設計,耦合分析技術必將佔有一席之地。

3.6 電磁與結構耦合分析

馬達是將電能轉變為機械能的工具，傳統工業馬達性能是由考慮電場、磁場與磁電轉換的電機設計主導，結構設計在馬達內的功用，一般是輔助電機設計的性質。然而於車用馬達，結構因有特殊要求，設計時仍需詳細分析評估，項目包括：

1. **結構強度**：目的是確認結構於使用過程中不會破壞失效。傳統工業馬達的鑄鐵殼體結構十分強固。但車用馬達於中小型車輛，許多是與變速系統整合設計的鋁壓鑄殼體，強調重量輕與結構緊湊，設計上會希望盡量逼近結構強度使用。於大型馬達，則由於結構體龐大，重力、離心力、熱應力較小型馬達大，以及製程上常使用焊接工序。因此車用馬達的結構，仍需仔細計算評估。

2. **結構剛性**：目的是提高本體自然頻率避免共振外，還需提供足夠剛性支撐軸承，減少氣隙變異。車用馬達由於效率要求高，氣隙設計偏小，對加工精度與軸承剛性要求較高。結構剛性除結構體本身剛性外，配合件的接觸剛性亦需注意。車用馬達由於環境溫度範圍較寬，如何確保各工作溫度，緊配處可維持面壓，又不致於過緊，需進行詳細的公差配合檢討。

3. **振動噪音**：由於車用馬達轉速高，工作轉速範圍寬，容易發生扭轉振動與轉子振動問題，結構體與電機力共振難以避免，設計上要檢討避免低階次共振，提高結構剛性，降低電機力激發表殼振動等，需進行詳細的電機與結構耦合分析。

以下分別說明幾項車用馬達結構及與電機耦合分析的做法。分為一般結構分析、振動噪音設計，以及電機與機械耦合分析範例，三項主題分別說明。

3.6.1 一般結構分析

1. 馬達結構強度設計

車用馬達結構強度，一般使用有限元素法進行分析。分析方法說明於表 3.23。其中馬達的扭力，氣隙半徑上的電磁力等由電機分析提供，為電機與結構耦合分析。一般而言，數百仟瓦 (kW) 級以下馬達的結構，若能滿足振動噪音性能對剛性的要求，主結構強度不至於會發生破壞。結構強度的疑慮，主要發生在局部的零件上，例如螺栓鎖付位置面的降伏，永磁馬達轉子磁鐵的固定結構等。

2. 馬達結構剛性分析

結構剛性可使用應力分析之有限元素分析模型，由施加固定負荷，再量測位移量計算獲得。需注意使用集中負荷，會造成模擬的局部位移過大，應將負荷以面壓方式，而非集中力方式實施。如果不需要定量的剛性數據，只是檢討改善結構設計，可以使用模態分析，由較低自然頻率的振型觀察結構弱點，再予以補強。設計目標方面，除非發生共振現象，刻意調整自然頻率閃避共振，否則一般結構設計目標都是剛性越高越好，因為剛性高，相同負荷下激發的振幅較小，噪音比較小，變形小避免異常摩擦問題。

第三章 電機設計與分析

表 3.23 車用馬達結構強度分析

分析項目	考慮負荷	邊界條件	設計目標
殼體強度分析	• 重力（視車輛運動狀態設定，道路駕駛車3g，越野車5g） • 加減速慣性力（一般取1g） • 側向慣性力（一般取1g） • 最大輸出扭力	• 馬達腳架與車體接觸面固定 • 無腳架馬達以鎖付面的螺帽固定方為固定 • 慣性力由材料密度與加速度直接計算較理想 • 扭力可用平均剪力施加於轉子氣隙半徑平面上	• 慣性力計算應力低於材料降伏強度 • 扭力計算應力低於材料疲勞強度
轉軸強度	• 最大輸出扭力 • 扭振激發扭力 • 皮帶盤等轉端徑向力 • 動平衡規範最大離心力 • 軸端螺栓之螺栓預力	• 於軸承徑向位移固定，於轉動方向施加扭力 • 亦可使用材料力學，考慮應力集中因素計算	• 應力低於材料疲勞強度 • 各階震動總扭振幅符合設計準則
矽鋼片強度	• 轉子最高轉速離心力 • 氣隙半徑處電磁力 • 磁鐵吸力	• 轉子分析轉軸中心固定	• 表面貼磁鐵轉子評估高轉速磁鐵是否飛離 • 內置磁鐵轉子評估矽鋼片是否降伏
腳架強度	• 與殼體強度分析相同 • 除強度外，支架需進行自然頻率分析	• 可將馬達本體視為剛體，支架與減振橡皮為撓性體 • 減振橡皮減振橡皮，與車體連接 • 馬達腳架與車體固定	• 應力低於材料降伏強度 • 自然頻率與車體結構自然頻率分離 • 阻尼應與頻率特性匹配
鎖付螺栓分析	• 螺栓鎖付預力 • 螺栓承載分離力 • 螺栓承載剪力	• 螺栓分離力與剪力 • 達鎖強度分析計算提供 • 被鎖物由有限元素或材料力學公式提供	• 螺栓受最大分離力下不分離 • 螺栓軸力乘上摩擦係數高於承載剪力 • 螺栓面壓低於材料降伏強度 • 螺栓軸力產生應力低於材料拉伸強度 • 螺牙負荷低於材料崩牙抗剪力

125

結構剛性的範例，請參考本節最後以馬達氣隙半徑上電磁力，引發表殼表面振動的實例說明。

3. 公差配合分析

由於車用馬達外殼常使用鋁合金，而非鑄鐵製造外殼，熱膨脹係數與其內鋼鐵材料間有巨大差異。加上車用馬達廣泛的使用溫度範圍，以及鋁合金較差的材料強度，會有配合干涉量過低，遇熱鬆弛，以及干涉量過大，遇冷降伏的疑慮，因此必須分析配合件的公差。車用馬達關鍵的公差配合處有二，一是軸承與軸承座間，若發生鬆弛，剛性急遽下降引起振動噪音與磨耗，以及熱傳導不良疑慮；若發生過緊，則軸承摩擦力大幅上升，甚至發生咬死損壞問題。二是水冷馬達定子矽鋼片與外殼間，此處為水冷馬達定子廢熱傳至冷卻水的關鍵熱阻，若過鬆，熱阻過大易發生馬力下降或溫升損壞，若過緊，則極低溫時鋁外殼易發生降伏，造成破裂或回溫後鬆弛現象。

分析的方法，是將設計公差帶入材料力學的同心厚環公式，計算剛起動內熱外冷、最大馬力、最低環境溫度等各種極端的溫度情況下，是否發生鬆弛或降伏。依據結果適當的調整公差設計。以下圖 3.48 為馬達軸承與軸承座公差配合分析範例。(a) 說明需準備的資訊，包括設計圖面尺寸與公差，材料性質，工作溫度，以及工作轉速。(b) 說明分析考慮的公差及溫度項目，需一一代入計算。(c) 說明分析結果的檢討方式，考慮各種公差與溫度配合下，是否鬆弛，是否過緊令材料降伏或軸承無間隙咬死等。

第三章 電機設計與分析

(a) 圓筒分析輸入項目與範例

物理特性	單位	後軸承	前軸承
輸入值		6209	6301
干涉長度	mm	19.00	27.00
摩擦係數		0.30	0.30
內筒最小外徑	mm	84.985	109.985
內筒最大外徑	mm	85.000	110.000
內筒內徑	mm	63.00	82.00
內筒楊氏係數	MPa	207000	207000
內筒普松比		0.30	0.30
內筒膨脹係數	1/°C	1.00E-05	1.00E-05
內筒降伏強度	MPa	400	400
內筒拉伸強度	MPa	600	600
內筒密度	g/cm^3	7.90	7.90
內筒溫升	°C	55	55
外筒最小內徑	mm	85.012	110.000
外筒最大內徑	mm	85.027	110.015
外筒外徑	mm	105.00	122.00
外筒楊氏係數	MPa	73000	73000
外筒普松比		0.30	0.30
外筒膨脹係數	1/°C	2.10E-05	2.10E-05
外筒降伏強度	MPa	170	170
外筒拉伸強度	MPa	230	230
外筒密度	g/cm^3	2.71	2.71
外筒溫升	°C	40	40
工作轉速	rpm	0	0

(b) 公差與溫度考慮項目

考慮公差項目

- 最小外環內徑 + 最大內環外徑（最大干涉）
- 最大外環內徑 + 最小內環外徑（最小干涉）

軸承與軸承座配合分析考慮溫度項目

- 常溫
- 組裝（一般外環加熱，內環冷卻）
- 最低靜置環境溫度
- 最高靜置環境溫度
- 最大馬力於最高工作溫度（水冷為冷卻水溫，氣冷為氣溫）

定子與外殼配合分析額外增加考慮溫度項目

- 剛起動（內環已升溫，外環尚未）
- 剛降載（外環已降溫，外環尚未）

軸承間隙受工作溫度影響表

軸承位置	前軸承變化 (μm)		後軸承變化 (μm)	
工作情況	最大干涉條件	最小干涉條件	最大干涉條件	最小干涉條件
最低工作溫度 (0°C)	-8	225（鬆脫 ≥ 31）	-19	313（鬆脫 ≥ 34）
最高工作溫度 (110°C)	-29	237（鬆脫 ≥ 31）	-14	326（鬆脫 ≥ 34）
	最小間隙	最大間隙	最小間隙	最大間隙
原軸承組裝前間隙	28	66	22	50
計算工作間隙	-1	97	3	84

(c) 各溫度結果評估範例

圖 3.48 馬達公差配合分析範例

4. 轉子動力分析

車用馬達由於轉速較高，結構輕量化，造成軸承剛性較低，比工業馬達容易發生轉子振動問題，需進行轉子動力(rotordynamics)分析。轉子動力分析是考慮軸承與轉軸系統受力後的振動現象，轉子振動與傳統振動主要差異，在於轉子的陀螺效應及離心力變形，造成系統的自然頻率隨著轉速發生變化。

轉子動力學於馬達設計，常關心以下幾點特性：

a. 臨界轉速：指轉軸旋轉速度接近轉子自然頻率時，振動因共振而振幅加大，長期共振會造成損壞。

b. 阻尼臨界轉速：一般簡化分析與設計，會以無阻尼假設設計轉子，令轉子自然頻率與工作轉速分隔。但有時兩者無法避免交錯，例如運轉於超過轉軸第一自然頻率的高速運轉機械，起動到工作轉速間一定會通過共振點。這時需評估阻尼對自然頻率數值的影響，以及阻尼對共振時振幅的影響。

c. 軸的不平衡：產生軸不平衡的來源很多，因動平衡不良，因軸承間隙產生的軸偏心，因軸承與軸承座變形產生的軸偏心，因軸承座同軸度不佳產生的軸偏心，以及因工作溫升產生的軸熱變形等，這些因軸偏心產生之離心力，以及馬達電磁力不平衡，都會增加轉子的激振力。改善的方法，往往是依賴設計的手段，即提升軸、軸承與軸承座剛性，提升製造精度等。

d. 其他非線性影響因素：例如軸承鋼珠不均勻或損傷，軸上有油封，轉子本身有些零組件因轉動而位移變形，例如繞線轉子的矽鋼片等，不過一般工程除非出問題才來對策，否則設計階段不會考慮太多這類情況。

分析結果，主要是觀察坎貝圖 (Campbell diagram)，也就是將馬達各轉速下的轉子自振頻率，整理如圖 3.49 的工作轉速與頻率關係圖。圖中 Y 軸伸出由左方向右下延伸的是轉子自然頻率，向下是由於滾動軸承剛性隨轉速上升而下降，一分為二是由於陀螺效應中轉軸變形，與本身旋轉同向與反向的差異，圖中原點向右上方直線延伸代表馬達的各階負荷，一階負荷與最低轉子自然頻率交叉點即為轉子第一臨界轉速。

轉子動力分析在使用油膜軸承時，由於軸承剛性與阻尼特性，或是轉子工作轉速超過轉子第一臨界轉速時，為了避免共振現象，需要詳細的非線性分析。設計的方法是依據轉子的阻尼大小，讓轉子的工作轉速與臨界轉速間隔足夠的距離，稍微分離界限，避免發生共振。

參考圖 3.50[3-13]，放大係數 AF 的值與阻尼比 ξ 的關係為 AF＝1/2ξ，代表於自然頻率附近最大振幅增幅。設計準則為：

1. AF＜2.5。其振動反應可視為已足夠減振，無須設定分離界限。
2. 2.5＜AF＜3.55。分離界限大於最大連續運轉轉速的 15%，小於最小運轉轉速的 5%。
3. AF＞3.55，且最低工作轉速高於臨界振幅峰值時。臨界轉速需低於工作轉速的比例為 $SM = 100 - (84 + \dfrac{6}{AF-3})$。例如馬達最低工作轉速 10,000 rpm，轉子 AF＝5，計算 SM＝13%，轉子臨界轉速 *113%＜10,000 rpm，即轉子臨界轉速不可高於 8,850 rpm。
4. AF＞3.55，且最高工作轉速低於臨界振幅峰值時。臨界轉

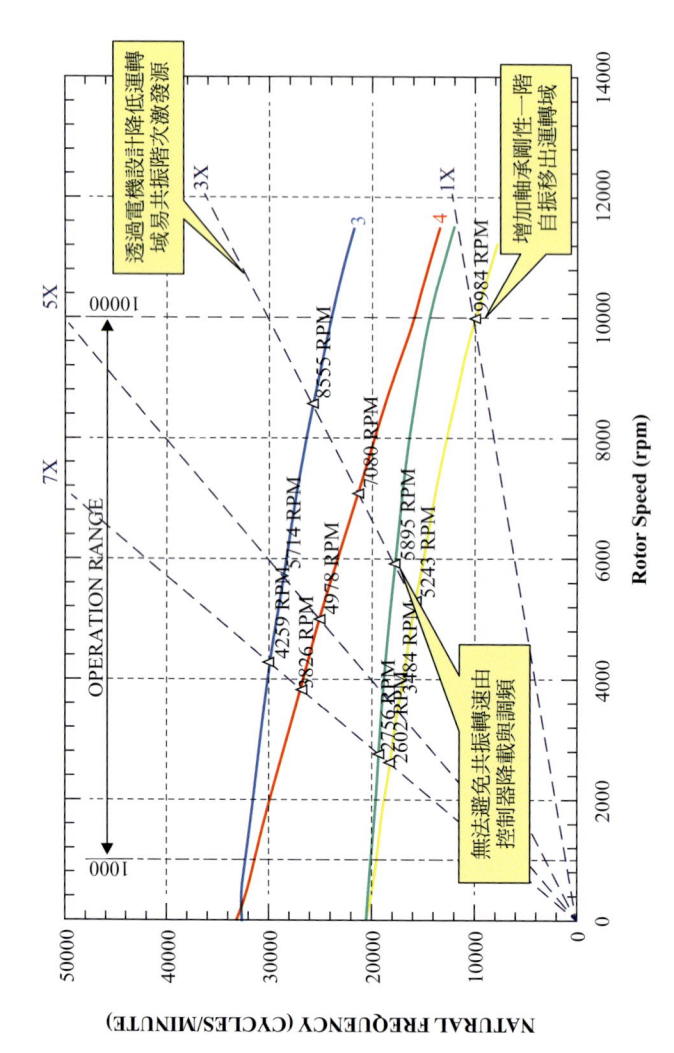

圖 3.49 車用驅動馬達轉子動力坎貝圖

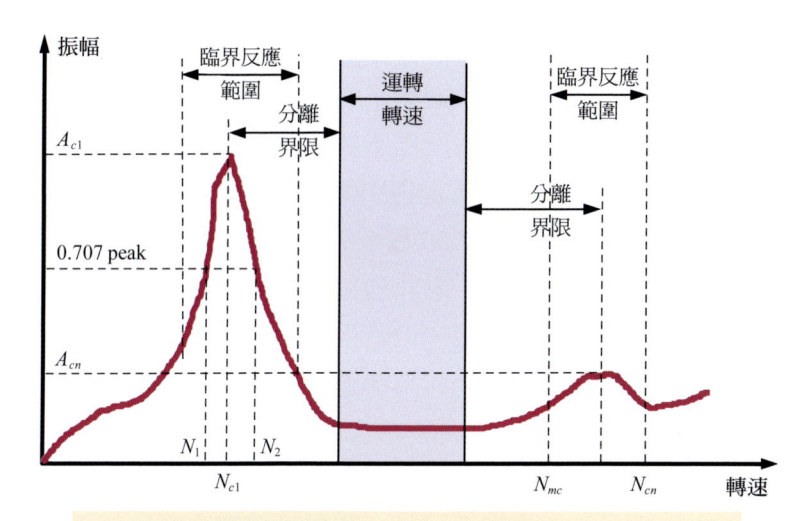

第三章 電機設計與分析

振幅圖（N₁, N₂, N_{c1}, N_{mc}, N_{cn} 標示於轉速軸上）

N_1 = 低於臨界轉速的振幅峰值的 0.707 倍時的轉速
N_2 = 高於臨界轉速的振幅峰值的 0.707 倍時的轉速
N_{c1} = 轉子的第一階臨界轉速
N_{cn} = 轉子的第 n 階臨界轉速
N_{mc} = 最大連續運轉轉速，105%
$N_2 - N_1$ = 半功率點的寬度
A_{c1} = 在 N_{c1} 時的振幅
A_{cn} = 在 N_{cn} 時的振幅
AF = 放大係數 (Amplification Factor) = $N_{c1}/(N_2 - N_1)$
SM = 分離界限 (Separation Margin) 與轉子臨界轉速的比值 (%)
CRE = 臨界反應範圍 (Critical Response Envelope)

圖 3.50 轉子振動分析說明

速需高於工作轉速的比例為 $SM = (126 - \dfrac{6}{AF-3}) - 100$。例如馬達最高工作轉速 10,000 rpm，轉子 AF=5，計算 SM=23%，轉子臨界轉速 *77%＞10,000 rpm，即轉子臨界轉速不可低於 12,987 rpm。

車用驅動馬達一般使用滾動軸承,其剛性特性較油膜軸承相對簡單,加上是寬轉速域運轉,設計上不會超過臨界轉速使用。依據上式計算,理想情況馬達最高轉速要在轉子第一臨界轉速的 77% 以下。但由於馬達與引擎不同,馬達在最高馬力無法持續運轉,往往只能維持 30 秒至一分鐘,可持續運轉的額定轉速,往往遠低最高轉速。因此若用額定轉速當成工作轉速設計轉子臨界轉速,要求太鬆,但若用最大馬力轉速設計轉子臨界轉速,要求又會過嚴。因此高轉速的車輛驅動馬達,一般轉子第一臨界轉速,若能超過馬達最大馬力轉速 15% 即可。

　　圖 3.49 說明車輛驅動馬達轉子動力分析與設計對策之間的關係。由於驅動馬達是變速運轉,臨界轉速要高於運轉轉速。影響轉子自振頻率的設計參數是轉軸本體剛性及軸承剛性,增加軸剛性需增加轉子心軸直徑,理論上會減少轉子矽鋼片可用的體積,加大磁通密度,然而於軸剛性是直徑的三次方關係,加上轉子最大磁通發生在外徑,即氣隙半徑附近,原來磁通就未使用靠近心軸處材料,因此馬達轉子可輕易增大軸徑達到足夠剛性,除非是仟瓦級以上的大型馬達,一般小型馬達不會有轉軸本體剛性不足疑慮,其轉子動力疑慮,主要發生在軸承剛性不足上。小型馬達慣用滾動軸承,影響軸承剛性的設計參數包括直徑、珠子大小、接觸角度、軸承間隙、軸承預力及軸承轉速。其中增加預力、減少間隙以及增大尺寸等增加剛性對策,附帶有降低壽命,影響可使用溫度以及使用轉速範圍等疑慮,設計上需注意。由於馬達負荷有高階次負荷,不可能於運轉範圍內完全避開轉子自然頻率,此時需檢討阻尼是否充足,若阻尼不足,因而引發振動噪音或破壞疑慮時,可考慮使用驅

動器降載,更換切換頻率等方式,設法降低激發力或偏移激發力頻率。圖 3.51 則為馬達轉子動力分析的流程圖,細部計算可由 RSR(Rotordynamics-Seal Research) 等專業分析軟體進行。

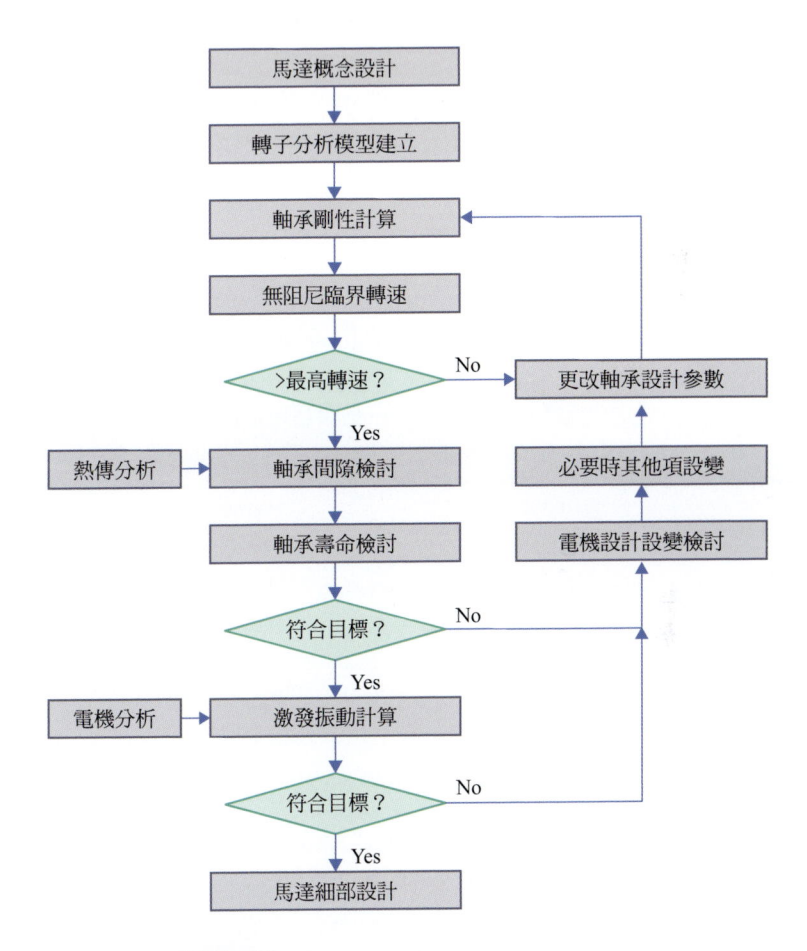

圖 3.51 馬達設計轉子動力分析流程圖

3.6.2 馬達振動噪音設計

馬達振動噪音分析是車用馬達結構分析的主要目的，說明如下：

1. 馬達噪音來源與傳遞過程

馬達噪音分為兩種類別，一種是量產成熟產品的個別發生情況，另一種是基本設計問題，本書主要介紹為後者，但前者亦可提供設計者參考。量產成熟的馬達，於組裝不良或長期使用，可能發生馬達的噪音問題，馬達大廠 ABB 的整理如表 3.24 [3-14]。由此表可觀察到大部分的原因是機械組裝上的問題，電機的問題於設計階段解決後，除了多相馬達使用了單相驅動這種

表 3.24 ABB 量產馬達振動噪音來源與對策

Trouble	Cause	What to Do
Motor vibration	Motor misaligned	Realign
	Weak support	Strengthen base
	Coupling out of balance	Balance coupling
	Driven equipment unbalance	Rebalance drive equipment
	Defective bearing	Replace bearing
	Bearing not in line	Repair motor
	Balancing weights shifted	Rebalance bearing
	Contradiction between balancing of rotor and coupling (half key-full key)	Rebalance coupling or motor
	Polyhase motor running single phase	Check for open circuit
	Excessive end play	Adjust bearing or add shim
Scraping noise	Fan rubbing end shield or fan cover	Correct fan mounting
	Loose on bedplate	Tighten holding bolts
Noisy operation	Air gap not uniform	Check and correct end shield fits or bearing fits
	Rotor unbalance	Rebalance rotor

極端情況，很少影響到量產馬達的振噪性能。因此馬達機械設計者，應提供後續組裝程序，以及量測項目與其允收標準。

基本設計問題方面，改善馬達振動噪音的主要對策與一般機械振動噪音類似，分為降低激發源與降低傳輸效率兩方面。降低激發源方面，圖 3.52[3-15] 為馬達噪音源的歸納，以及對應的對策技術說明。降低振動噪音的傳輸效率方面，車輛驅動馬達的振動噪音傳輸途徑，可整理如圖 3.53，可分成由結構振動傳遞的聲音 (structure-borne)，以及由空氣直接傳遞的聲音 (air-borne)。結構傳輸的低減，方法可用錯開自然頻率避免發生共振，例如頻率差距達 40% 相鄰物體可以做為彼此的振動過濾器，或可用提升結構剛性，讓相同力量激發較小的振幅。空氣傳輸的低減，方法為遮蔽方式改善，如果表面振動不能避免，可使用降低輻射效率的材料改善。

電動車與傳統引擎車的噪音特性不同，電動車的噪音的音量雖然可低於引擎車 10 dB 以上，但其頻率較高且分佈較窄，加上沒有引擎車燃燒音的遮蔽效果，一般而言並不悅耳。因此改善電動車輛馬達聲音性能，重點不是透過隔離降低整體音量，而是消除源頭高頻音源，或用其他較不刺耳低頻聲音遮蔽高頻聲音。

電動車主要噪音來源是馬達，馬達噪音排序 [3-16] 是氣冷馬達的風扇氣流音，其次是氣隙磁場的電磁力激發音，第三則是軸承音。其中以電磁力激發音研究得最為透徹，其來源是氣隙半徑上的磁場變化，引發了力量的變化，特色是很明顯的窄頻率，其頻率可由馬達的槽極數等電機設計推估 [3-17]。其解決方案，包括 (a) 提升馬達結構剛性、(b) 提升馬達不平衡電磁力階

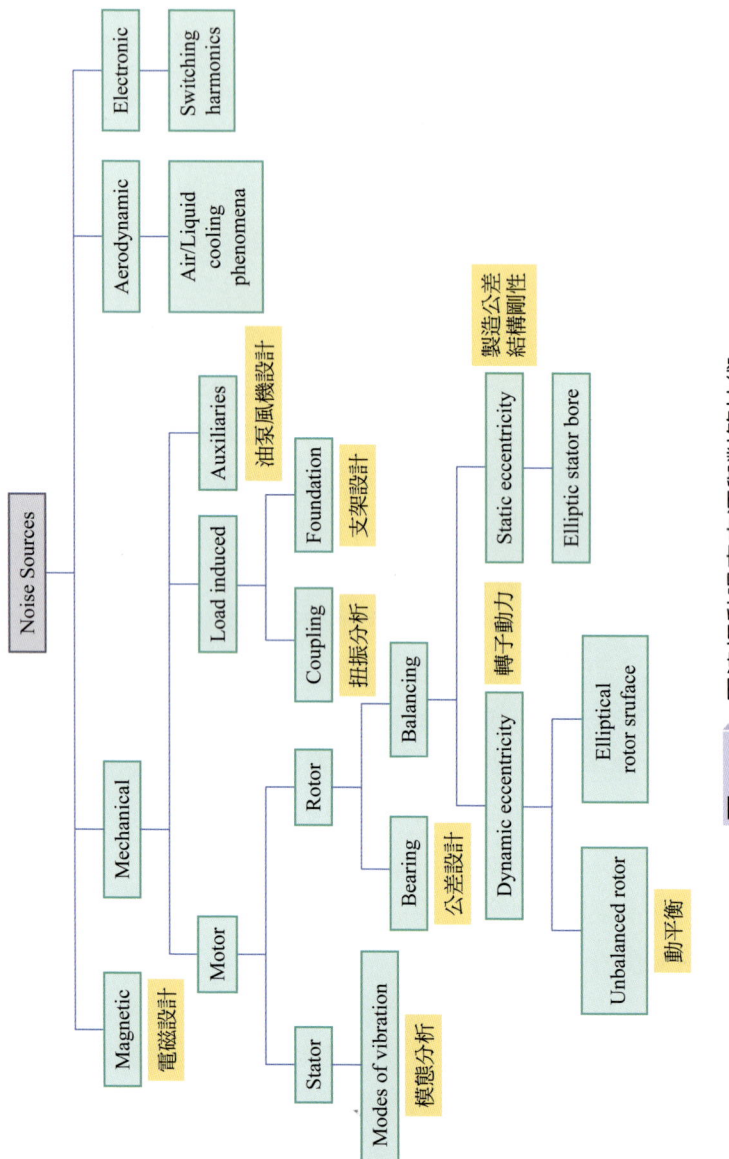

圖 3.52　馬達振動噪音來源與對策技術

第三章 電機設計與分析　137

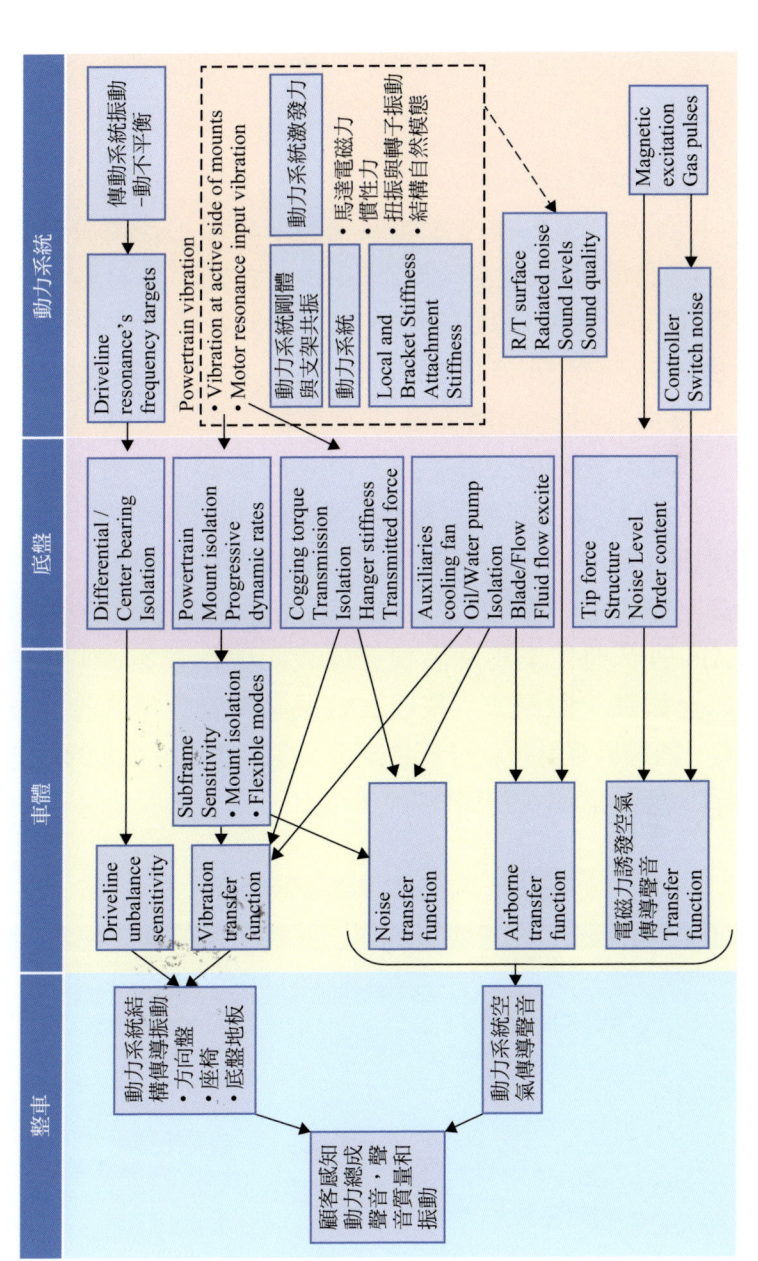

圖 3.53　電動車輛振動噪音傳遞途徑圖

數、(c) 避免馬達磁通飽和等非線性現象、(d) 利用驅動器降低共振情況等。

2. 馬達低振動噪音的設計方法

　　此一部分工業馬達文獻較為完整，車用馬達由於是各廠獨立開發的非規格品，廠商沒必要公開，資料較少，因此列舉幾項工業馬達振動噪音來源與對策的文獻提供讀者參考。西門子曾於 IEEE 發表論文[3-18]，提供馬達噪音來源與特性、診斷方法以及設計準則。許溢适先生翻譯之"實用電動機設計手冊"[3-1]，於第七章說明機械振動噪音的來源以及其頻率特性。NSK 公司訓練教材[3-19]，提供詳盡專業的滾動軸承的馬達振動噪音技術資料，可供軸承設計與問題診斷參考。IEEE 雜誌邀稿論文[3-20]，提供許多 API 與其他工業馬達設規範的說明與比較等。工研院基於以上國際文獻調查，整理出低振動噪音馬達的設計分析技術，透過科專計畫執行馬達開發，逐步建立了相關的馬達降低振動噪音的設計方法與技術，彙整如表 3.25 與圖 3.54。

表 3.25　馬達振動噪音來源與對策

目標	現象	相關零組件	對策
周邊系統噪音	DC 馬達電刷滑動	電刷	電刷材料與支撐對應
	氣冷馬達風扇音	風扇壓差過大	加大直徑降低壓差
		氣道輻射音	平滑氣道截面變化 增加遮蔽等隔音設計
	軸承噪音	軸承	間隙/預力與緊配檢討 溫差對間隙影響評估 軸承剛性提升 軸承座支撐剛性提升
	液體泵噪音	水泵、油泵	增大直徑厚度降低轉速 需求流量檢討

第三章 電機設計與分析

目標	現象	相關零組件	對策
低機械噪音	降低激發源	轉子離心力過大	動平衡精度提升
			降低組裝偏心
	降低共振	殼體共振	加強肋提升自然頻率
			增加剛性
			消除薄平表面
		轉子共振	增加軸承剛性
			增加軸彎曲剛性
			降低軸承跨距
			共振點減載
		扭轉共振	增加軸直徑
			加裝離合器
			共振點減載
		局部共振	齒等局部自振頻率檢討
低振動傳輸效率	馬達與車體共振	支架本體	提升支架頻率與剛性
			提升支架橡皮衰減能力
		支架車體整合	支架位置低負荷設計
			檢討支架與車體共振
低電磁噪音	降低激發源	電磁徑向合力過大	電機設計檢討淨力對稱
			槽極比檢討增加模數
			磁鐵強度平均分配
		減少氣隙不均勻	軸承座同軸度減小
			降低軸外徑偏擺
			降低定子內徑偏擺
			增加軸承剛性
		齒上電磁力過大	齒型磁力變動平滑化
			避免齒上磁通飽和
			降低功率密度減弱磁場
		導線震盪	固定導線
		力矩振盪	製造減少三相間變異
			三相電流平衡
			電機設計減少扭力漣波
			降低扭力上升率
			驅動電壓波型平滑化
			起動分相控制電流
		磁飽和力量不連續	增大磁通面積
			改善熱傳降低溫度
	降低共振	負載倍頻與零件共振	電機設計減少低階負荷
			修改共振點輸出
			提高切換頻率

可能原因調查	建置設計與分析能力	彙整為設計準則
・動平衡不良 ・轉子偏心 ・轉子圓周不圓 ・磁鐵磁性不均勻 ・軸承振動 ・扭轉振動 ・轉子振動 ・電刷滑動 　（PMSM 無） ・風扇等氣流音 　（水冷無）	**轉軸設計** ・動平衡與偏擺要求 ・低組裝與運動偏心設計 ・自然頻率分析 ・扭轉振動分析 ・受力變形量分析 **軸承設計** ・預力與剛性提高 ・間隙降低 ・壽命計算 ・溫度間隙影響分析 ・轉子動力分析 **殼體設計** ・高剛性與頻率 ・軸承支撐剛性 **支架設計** ・剛性與強度設計 ・位置設計	・定子與外殼緊配量各種工作溫度 ・符合扭力傳遞與應力 ・結構強度承受上下 3g 與前後左右 ・1g 重力材料不降伏 ・最大扭力負荷不疲勞破壞 ・電路板第一自然頻率 > 180 Hz ・結構體自振頻率與馬達系統自振頻率分隔 10 Hz 以上 ・轉子動力分析無共振發生，第一臨界轉速高於最高轉速 1.15 倍 ・扭振振幅及單階振幅 < 0.2 度，縱合 < 0.25 度 ・轉子動平衡 < G0.4

圖 3.54 低振動噪音馬達的設計分析技術

3.6.3 馬達電機與機械耦合分析範例

以下以馬達電機力至殼體振動分析為例，說明馬達結構與電機耦合分析的方法。激發馬達結構振動的電機力，主要來源是氣隙上磁場強度，施加到定子齒上的力量，其值與磁場強度的平方成正比。在時域上計算方法，由於磁場強度本身隨著時間、轉速、馬達空間上的角度，以及輸入電流的相位角隨時在變化，是一個十分複雜的現象，很難獲得設計結論，一般都移轉至頻域上進行簡化計算。

以一款 8 極 60 槽的感應馬達為為例，使用電機分析軟體可以得到每個槽齒上的電磁力。例如圖 3.55(a) 是額定運轉某瞬間齒槽電磁力在時域上的表現，每個齒的力量相似，但有相位差，這些力量會隨著定子上磁場的旋轉而旋轉；圖 3.55(b) 則是

第三章 電機設計與分析　141

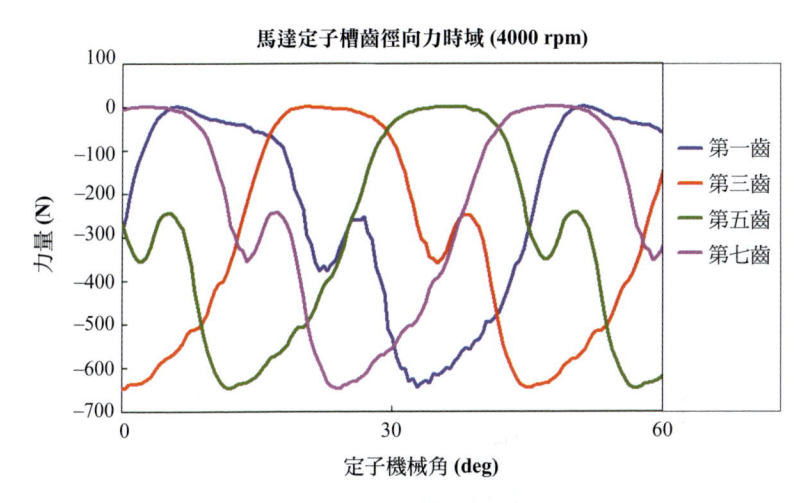

馬達定子槽齒徑向力時域 (4000 rpm)

(a) 馬達齒上力量的時域函數

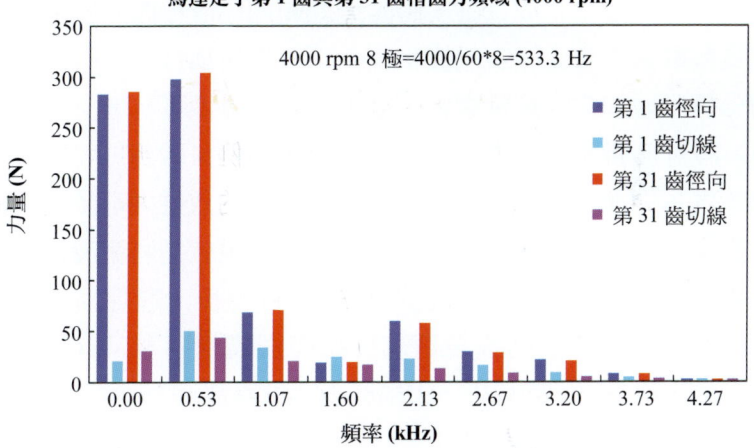

馬達定子第 1 齒與第 31 齒槽齒力頻域 (4000 rpm)

4000 rpm 8 極 = 4000/60*8 = 533.3 Hz

(b) 定子齒上力的頻域分佈

圖 3.55　電機力時域轉至頻域分析

時域電磁力經傅利葉轉換後,某齒與其直徑對面位置齒槽的頻譜,可觀察到激發力較大者集中於較低頻率,4 kHz 以上的負荷很小,這與一般馬達異音發生在幾百到 2 kHz 之間特性符合。由 (b) 可觀察到的另一現象是,電磁作用在齒上的徑向力比切線力還要大。一般馬達外界主要感受只有扭力,是由於徑向力因軸對稱互相抵銷,但個別槽齒徑向力直接作用在體積小剛性差的定子槽齒上,槽齒的變形成為噪音的來源之一。

取得齒上電磁力的頻譜特性後,有兩種與結構耦合分析的方式,第一種是直接將各個齒上的力連接到幾何結構上,目前已有軟體(例如 Ansys® Workbench™ 等)提供電磁與結構分析的數據直接串接的環境,計算方便性上有其優勢。然而由於電磁與結構耦合場分析相當耗時,目前工程界於設計階段,大多仍將三維問題簡化成二維,將動態問題簡化成穩態問題進行,在這些影響更重大因素已簡化條件下,直接耦合電磁與結構的場分析,增加的計算量龐大,卻不見得能提供更有價值分析結果。設計分析的重點,在於如何快速評估共振轉速,與共振振幅等基本問題上。電磁與結構間耦合發生的效果,可使用一般振動噪音工程分析使用的簡化方法分析,也就是將激發源,傳輸效率視為兩個系統,各自取得頻譜特性後,進行頻域的加總。此種方法由於各齒負荷其頻率與振幅相同,只有相位不同,可使用一組函數代表,大幅減少分析的量。

電機負荷施加在結構上,可計算出這些負荷造成馬達殼體表面的振動,做為評估輻射噪音的評估基礎。評估的作法,第一種是完全不簡化,直接將電機力用時域表達後,結構上使用進行場分析,此一種方法結構體內的自由度完全保留,計算非常耗時,而且由於計算量大,累積誤差多,不一定比較準確。第二種是降低自由度,包括只保留激發源與物體表面的"主自由度",使用主從自由度法把其他"從自由度"的剛性與質量依附在"主自由度"上,優點是自由度大幅降低,在小變形與低慣性力下與完整自由度計算結果相同。此法缺點是無法表達結構自然振動模態特性,忽略了"從自由度"的慣性力,只適合低頻率的負荷計算。另一種常用降階法是模態疊加法,由結構主要自然頻率的模態疊加來表達結構位移,優點是自由度大幅降低,如果已知激發負荷的頻率範圍時,忽略不被激發的頻率,模擬系統響應精度損失不會太多。此法缺點是需先進行模態分析,取得自然頻率與模態後才能進行,大自由度結構模態分析亦相當耗時,此外當邊界條件改變時,例如鎖付點修改,原結構拘束條件不同,必需要重新進行模態分析,再次降階,因此不太適用於接觸等固體邊界條件變化的問題。第四種方法是將電磁力分析後取傅利葉轉換求取頻譜特性,結構分析則於激發端給定單位負荷,計算被激發的位移,算出兩者間傳遞效率矩陣。後續則應用積分方式,評估施力端電磁力頻譜輸入後,位移端的響應值。此法接近解析解的做法,但由於實際工程上,施力端在內表面,響應端在外表面,兩者皆為多自由度,因此產出的傳輸效率是個自由度相當高的函數矩陣,計算仍然相當複雜。

由於聲音的模擬,除表面的振動量外,受到輻射表面積、輻射效率、量測位置、角度以及用於驗證的麥克風特性的影響,即使是國際知名振動噪音顧問公司,對於聲音分析的把握,也僅限於峰值的頻率與數值,無法要求全域範圍的正確預估。因此，在馬達設計階段，需要評估多種設計方案的優劣時，建議進行定性的相互比較簡化分析，簡化項目包括 (a) 只要求頻率的正確性，而不是要求音量的正確性；(b) 只考慮馬達表面的振動量，而不是考慮表面輻射的音量；(c) 由於各齒負荷之間主要差異是相位差，振幅差不多，因此使用單齒的負荷頻譜做為代表；(d) 雖然馬達全表面都會輻射聲音，但主要聲音是大而平的表面貢獻，因此僅選擇大而平的表面計算表面振動量。以下以一款馬達為範例，說明定性評估改善設計的範例。如圖 3.56，(a) 為電機分析提供的瞬間齒上時域電磁力，可看出時域上各齒槽上電磁力的大小與方向分佈都不同；(b) 為電磁力經傅利葉轉換後，振幅最大的二階力，各齒槽間的比較，可看出互相之間差異甚小；(c) 使用模態降階法，計算定子齒槽上單位電磁力 (圖上箭頭)，激發馬達表面的振幅 (圖上紅點)；(d) 選擇表達表面振幅的區域 (本例為表面加強肋之間的平面)，取這些平面正交位移最大值的平均值，作為表面振動量的代表；(e) 為單位齒槽力與表面振幅計算傳輸效率曲線後，乘上電機力頻譜，獲得的表面振動量。此一方法於計算傳輸效率曲線的步驟較多，計算較複雜，但完成後對於改變齒靴設計，或是不同轉速與扭力等改變齒槽力的情況，可以快速獲得分析結果，協助進行設計評估。

第三章　電機設計與分析

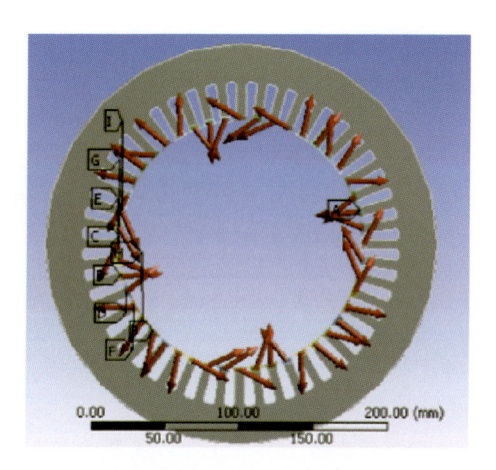

(a) 馬達電機分析齒上時域電機力

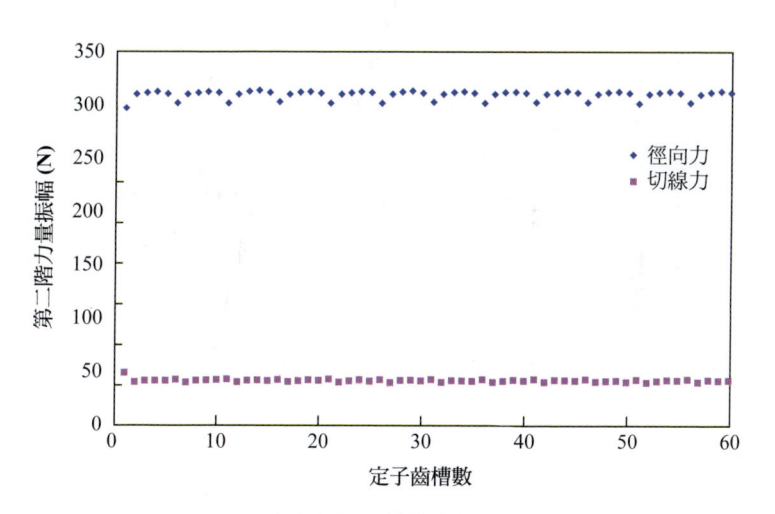

(b) 電機力經傅利葉轉換各齒槽比較

圖 3.56 馬達殼體表面振幅計算結果範例

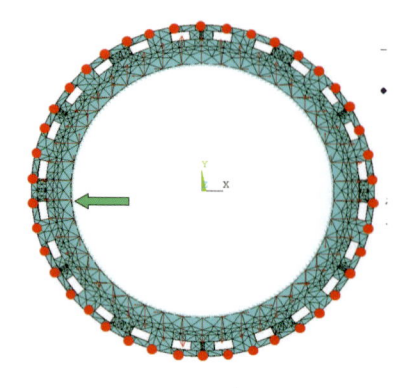

(c) 單齒負荷激發表面振動 　　　　(d) 馬達表面平均振幅

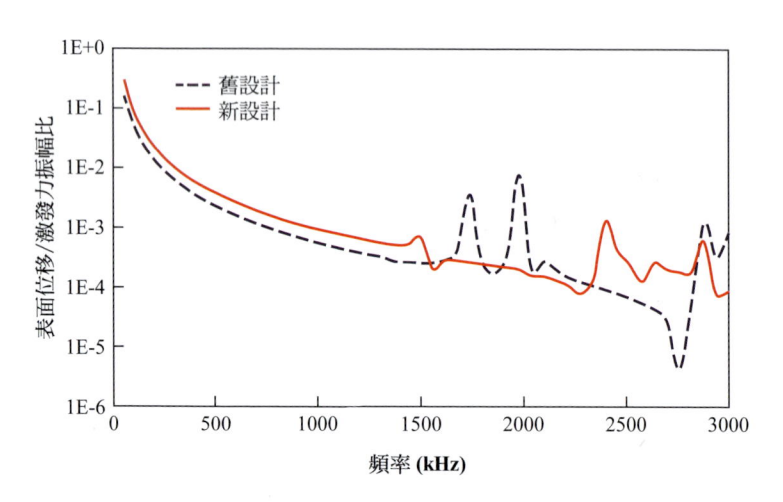

(e) 電機力至表面傳輸效率

圖 3.56　馬達殼體表面振幅計算結果範例（續）

參考文獻

[3-1] 許溢适(編譯)(2007)。實用電動機設計手冊。台北：強峰印刷。

[3-2] 石崎彰(1957)。誘導機設計入門。東京：電氣書院。

[3-3] Nasar, S. A. and Unnewehr, I. E., *Electromechanics and Electric Machines*, (New York: John Wiley & Sons, 1983), ISBN: 978-0471080916.

[3-4] Kuhlmann, J. H., *Design of Electrical Apparatus*, 3rd ed. (New York: John Wiley & Sons, 1954).

[3-5] Hamdi, E. S., *Design of Small Electrical Machines*, (New York: John Wiley & Sons, 1994), ISBN: 978-0471952022.

[3-6] Still, A. and Siskind, C. S., *Elements of Electrical Machine Design*, 3rd ed., (New York: McGraw-Hill, 1954).

[3-7] 程福秀(譯)(1967)。電機設計與計算。台北：五洲出版社。(Liwschitz, M., 1946)

[3-8] Alger, P. L., "The Calculation of the Armature Reactance of Synchronous Machines," *Transactions of the American Institute of Electrical Engineers* 43(2): 493-512, 1928, doi: 10.1109/T-AIEE.1928.5055008.

[3-9] 高橋幸人(1956)。電氣機械設計(I)(II)。東京：共立出版。

[3-10] Boldea, I. and Nasar, S. A., *The Induction Machine Handbook*, (Boca Raton: CRC Press, 2002), ISBN: 978-0849300042.

[3-11] Chang, H.Y., Yang, Y, P., and Lin, F. K. T., "Thermal-Fluid and Electromagnetic Coupling Analysis and Test of a Traction Motor for Electric Vehicles," *Journal of the Chinese Institute of Engineers* 41(1): 51-60, 2018, doi: 10.1080/02533839.2017.1410449.

[3-12] Ansys, "Ansys-Fluent user's guide," Ansys, accessed Aug. 2020, http://www.pmt.usp.br/academic/martoran/notasmodelosgrad/Ansys%20Fluent%20Users%20Guide.pdf

[3-13] 周永樂，轉子動態分析實務，工研院機械所訓練課程講義，2002。

[3-14] ABB, "Low Voltage Motors Installation, Operation, Maintenance and Safety Manual," ABB, accessed Aug. 2020, https://library.e.abb.com/public/a201505255f540999ee6c49df57a376a/Standard_Manual_LV_Motors_ML_revG_lores.pdf

[3-15] Vijayraghavan, P. and Krishnan, R., "Noise in Electric Machines: A Review," *IEEE Transactions on Industry Applications* 35(5): 1007-1013, 1999.

[3-16] Nau, S. L. and Mello, H. G. G., "Acoustic Noise in Induction Motors: Causes and Solutions," Paper presented at Petroleum and Chemical Industry Conference, San Antonio, TX, Sept. 11-13, 2000, doi: 10.1109/PCICON.2000.882782

[3-17] Verma, S. P. and Balan, A., "Determination of Radial Forces in Relation to Noise and Vibration Problems of Squirrel Cage Induction Motors," *IEEE Transactions on Energy Conversion* 9(2): 404-412, 1994, doi: 10.1109/60.300130.

[3-18] Finley, W. R., Hodowanec, M. M., and Holter, W. G., "An Analytical Approach to Solving Motor Vibration Problems," *IEEE Transactions on Industry Applications* 36(5): 1467-1480, 2000.

[3-19] Momono, T. and Noda, B., "Sound and Vibration in Rolling Bearings," *NSK Motion and Control* 6: 29-37, 1999.

[3-20] Mistry, R., Finley, W. R., and Kreitzer, S., "Induction Motor Vibrations - from the Point of View of API 541 Fourth Edition," *IEEE Industry Applications Magazine* 16(6):37-47, Nov./Dec. 2010, doi: 10.1109/MIAS.2010.938396.

第四章

驅動器與感應馬達匹配參數測量與調校

　　驅動器與馬達間的匹配工作是電動車車輛動力系統中非常重要的一環。若匹配工作沒有確實，動力輸出的效果將與預期有相當大的落差，因此本章節說明如何進行驅動器與感應馬達的匹配工作。

　　在感應馬達控制上，馬達參數的量測或鑑別是非常重要的，因為馬達參數在感應馬達控制器中扮演重要的控制參數，因此參數的準確性關係到整個馬達控制器的性能，如果參數量測值越接近實際值，則在控制性能調校上可減少很多嘗試錯誤的時間。綜觀各式交流馬達控制策略，磁場導向控制或稱向量控制已廣泛被應用在各式交流馬達上，對感應馬達而言，可分為轉子磁通導向控制、定子磁通導向控制及氣隙磁通導向控制，本文以轉子磁通導向控制為例，說明馬達參數於控制迴路中的應用方式。

　　轉子磁通導向控制主要是讓轉子磁通全在 d 軸上，亦即同步轉子 q 軸磁通鏈 $\lambda_{qr}^e = 0$，則定子電壓方程式可表示如 (4.1) 式及 (4.2) 式。

$$v_{ds}^e = (R_s + p\sigma L_s)i_{ds}^e - \omega\sigma L_s i_{qs}^e + \frac{L_m}{L_r}p\lambda_{dr}^e \qquad (4.1)$$

$$v_{qs}^e = (R_s + p\sigma L_s)i_{qs}^e + \omega\sigma L_s i_{ds}^e + \omega \frac{L_m}{L_r}\lambda_{dr}^e \tag{4.2}$$

$$\sigma = 1 - \frac{L_m^2}{L_r L_s} \tag{4.3}$$

其中 v_{qs}^e 為同步定子 q 軸電壓；v_{ds}^e 為同步定子 d 軸電壓，R_s 為定子電阻，$L_s = L_m + L_{ls}$ 為定子電感；$L_r = L_m + L_{lr}$ 為轉子電感；L_m 為磁化電感；L_{ls} 為定子漏電感；L_{lr} 為轉子漏電感；p 為微分運算子，ω 為定子磁場同步電氣轉速；i_{qs}^e 為同步定子 q 軸電流；i_{ds}^e 為同步定子 d 軸電流；λ_{dr}^e 為同步轉子 d 軸磁通鏈。

分析在穩態時，$p\lambda_{dr}^e = 0$，利用解耦合技巧，令

$$v_{ds}^{e'} = v_{ds}^e + \omega\sigma L_s i_{qs}^e \tag{4.4}$$

$$v_{qs}^{e'} = v_{qs}^e - \omega\sigma L_s i_{ds}^e - \omega\frac{L_m}{L_r}\lambda_{dr}^e \tag{4.5}$$

則轉子磁通導向控制方塊圖如圖 4.1 所示。從控制方塊圖中，可看出整個控制迴路需使用到許多馬達的參數，除了上述的參數外，亦包含單位滑差比：

$$s = \frac{\omega - \omega_{re}}{\omega} \tag{4.6}$$

其中 $\omega_{re} = \omega_r(p/2)$ 為轉子電氣轉速。另外，R_r 為轉子電阻；$\tau_r s_L = (L_r/R_r)s_L$，$s_L$ 為拉普拉斯運算符號 (Laplace operator)。

為了求得馬達參數，可運用單相感應馬達等效電路，如圖

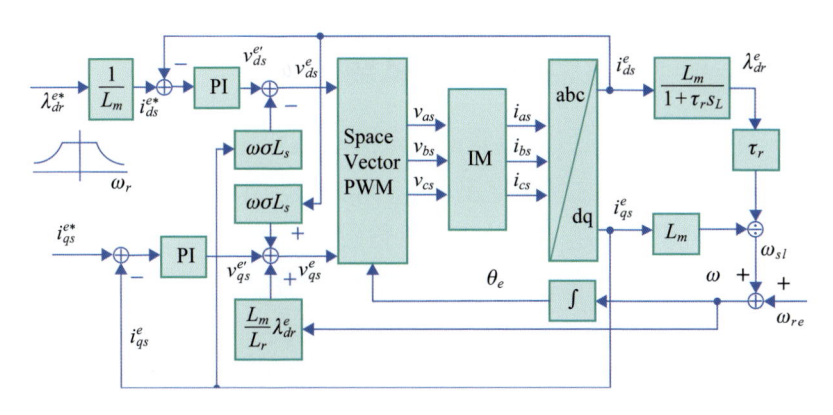

第四章　驅動器與感應馬達匹配參數測量與調校

圖 4.1 感應馬達轉子磁通導向控制方塊圖 [4-1]

4.2 所示，其中 V_{ph} 為馬達相電壓、R_c 為鐵損電阻，其他參數定義如先前所述。透過直流試驗法、堵轉試驗法及無載試驗法，可依序量測出等效電路中所有的馬達參數值，細部方法與步驟將如下小節中說明。在完成感應馬達參數測量後，可視為粗調階段，無法驗證參數的準確性。透過後續調校階段，利用比對扭力比的方式，可提升感應馬達參數測量的準確性。

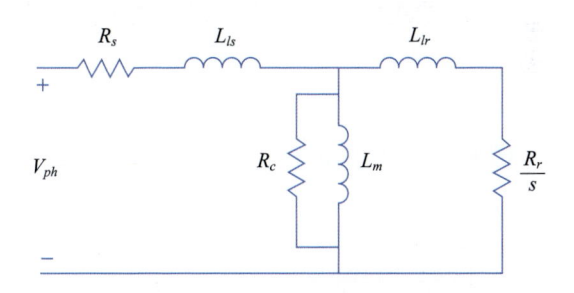

圖 4.2 單相感應馬達等效電路

4.1　感應馬達直流試驗

直流試驗主要目的為量測定子的等效電阻 R_s，以直流電壓源供應到感應馬達單相電壓時，單位滑差比 s 趨近於 0，L_{ls}、L_{lr} 及 L_m 可視為短路。因此直流試驗感應馬達的單相等效電路如圖 4.3 所示，則 $R_s = V_{DC}/I_{DC}$。值得注意的是，對 Y 接型馬達，輸入電壓為線電壓，即提供直流電壓在 A-B 相、B-C 相及 C-A 相，並分別量測電流值，因此可求出三種組合的電阻值。因為計算得到的是線對線的電阻，因此需將每個電阻值除以二，以獲得每相之定子電阻值，再求得三個電阻平均值，即為等效電阻 R_s，而輸入直流電壓的大小可依額定相電流來決定。

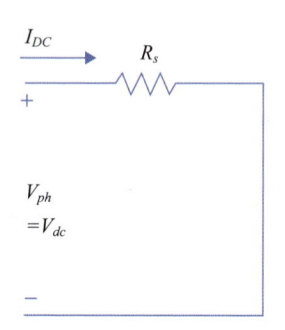

圖 4.3 感應馬達單相直流試驗等效電路

4.1.1 直流試驗範例

本文以 Siemens 馬達 (1PV5135-4WS28) 為例，依上述試驗程序，可建立如表 4.1 之直流試驗的測試結果。

表 4.1 各相直流試驗結果

	V (Volt)	I (A)	R (Ω)
A-C	0.3431	5.003	0.068579
A-B	0.3431	5.003	0.068579
B-C	0.3438	5.003	0.068719

從上表可知，計算出不同相搭配的電阻值相當接近，因為計算得到的是線間 (line-to-line) 電阻，我們可將每個電阻值除以二獲得每相之定子電阻值，再求得平均值。根據上述方式所求得的定子電阻值為 0.03431 Ω。

4.2 感應馬達堵轉試驗

堵轉試驗，顧名思義，是將轉子鎖住不讓其轉動，通常需要加工後的轉子鎖付機構來完成。輸入電源可採用三相變電壓變壓器，三相線電壓為固定交流電源頻率 f，並逐漸增加線電壓直到電流值達到額定值，記錄對應的電壓、電流及功因值，而量測點越多，可增加參數量測後平均精度，但也相對耗時。此試驗主要目的為量測 R_r、X_{ls}（定子漏感抗）及 X_{lr}（轉子漏感抗），並由 $X_{ls} = 2\pi f L_{ls}$ 及 $X_{lr} = 2\pi f L_{lr}$ 可計算出定子漏電感 L_{ls} 及轉子漏電感 L_{lr}。值得注意的是，對 Y 接型馬達，輸入電壓為線電壓，因此 $V_{ph} = V_{line}(\text{rms})/\sqrt{3}$。在堵轉試驗中，單位滑差比 s 等於 1，則此時轉子阻抗 $R_r + jX_{lr}$ 遠小於磁化阻抗 $R_c \| jX_m$，因此單相感應馬達堵轉試驗等效電路可如圖 4.4 所示。計算定子漏電感 L_{ls} 及轉子漏電感 L_{lr} 如下步驟：

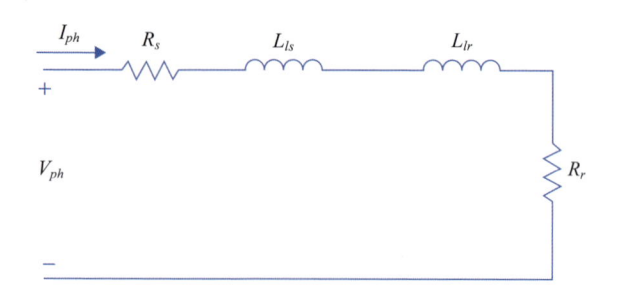

圖 4.4 單相感應馬達堵轉試驗等效電路

1. 由測量得到的 V_{ph} 及 I_{ph} 計算得阻抗 $Z_b = (V_{ph}/I_{ph})\angle\tan^{-1}(Q_b/P_b)$，其中 Q_b 為虛功率、P_b 為實功率。
2. $R_s + R_r = \text{Re}\{Z_b\}$ 及 $X_{ls} + X_{lr} = \text{Im}\{Z_b\}$。
3. R_s 已由直流試驗中求得，因此由上式可求得 R_r。透過國際電機製造協會 (National Electrical Manufactures Association, NEMA) 的分類，如表 4.2 所示，可求得 X_{ls} 及 X_{lr}。
4. 由 X_{ls} 及 X_{lr} 可計算 $L_{ls} = X_{ls}/2\pi f$ 及 $L_{lr} = X_{lr}/2\pi f$。

表 4.2 一般工業感應馬達 X_{ls} 及 X_{lr} 關係表

NEMA class A	$X_{ls} = X_{lr}$
NEMA class B	$X_{ls} = (2/3)X_{lr}$
NEMA class C	$X_{ls} = (3/7)X_{lr}$
NEMA class D	$X_{ls} = X_{lr}$

4.2.1 堵轉試驗範例

本文以 Siemens 馬達 (1PV5135-4WS28) 為例，依上述試驗程序，可建立如表 4.3 之堵轉試驗的測試結果，以 NEMA Class A 及 Class B 為例，計算 L_{ls} 與 L_{lr} 值，因此根據計算結果，取

第四章　驅動器與感應馬達匹配參數測量與調校

表 4.3　堵轉試驗測試結果 ($x1=x_{ls}$, $x2=x_{lr}$, $L1=L_{ls}$, $L2=L_{lr}$)

Siemens 1PV5135-4WS28
loced Rotor Test Data

fs= 60	Stator electrical frequency [Hz]
Rs= 0.0343	Value of the stator phase resistance [ohms]
Vll	Voltage, line-to-line RMS [V]
Vph	Voltage, phase [V]
I	Current, line RMS [A]
P	Power [W]
PF	Power Factor

Measured Vll	Measured I	Measured PF	Measured Power	Calculated Zreal	Calculated Zimag	Rr	X1 + X2	(X1+X2)/2	L1	L2	Assume that X1 = X2 — X1	X2	L1	L2	Assume that X1 = (2/3)X2 — X1	X2	L1	L2
16.21	37.71	0.3025	321	0.075	0.24	0.04077	0.118276	0.24	0.000314	0.000314		0.094621	0.141931	0.000251	0.000376				
19.37	49.21	0.3271	540	0.074	0.21	0.04004	0.107377	0.21	0.000285	0.000285		0.085902	0.128853	0.000228	0.000342				
24.05	66.7	0.3537	982	0.074	0.19	0.03933	0.097359	0.19	0.000258	0.000258		0.077887	0.116831	0.000207	0.000311				
27.55	79.9	0.3702	1414	0.074	0.18	0.03940	0.092465	0.18	0.000245	0.000245		0.073972	0.110958	0.000196	0.000294				
29.33	86.61	0.3788	1667	0.074	0.18	0.03976	0.090473	0.18	0.00024	0.000240		0.072379	0.108568	0.000192	0.000288				
31.83	96.11	0.3893	2065	0.074	0.18	0.04014	0.088062	0.18	0.00023	0.000234		0.070450	0.105675	0.000187	0.00028				
33.66	102.77	0.3974	2382	0.075	0.17	0.04085	0.086763	0.17	0.00023	0.000230		0.069410	0.104115	0.000184	0.000276				
36.97	115.65	0.4107	3050	0.076	0.17	0.04150	0.084139	0.17	0.000223	0.000223		0.067311	0.100967	0.000179	0.000268				
39.89	126.34	0.4217	3682	0.077	0.17	0.04257	0.082644	0.17	0.000219	0.000219		0.066115	0.099173	0.000175	0.000263				

155

其中間值分別得 $L_{ls} = L_{lr} = 0.00024$ H (NEMA Class A)，$L_{ls} = 0.000192$ H 及 $L_{lr} = 0.000288$ H (NEMA Class B)。

4.3　感應馬達無載試驗

　　無載試驗主要目的為求得感應馬達等效電路中的鐵損電阻 R_c 與磁化感抗 X_m，並由 $X_m = 2\pi f L_m$，可計算出磁化電感 L_m。當無載試驗時，轉子電氣轉速幾乎等於同步電氣轉速，因此單位滑差比 s 接近於零，因此單相感應馬達無載試驗等效電路可如圖 4.5 所示。輸入線電壓為固定輸入交流電源頻率 f，並逐漸增加電壓，直到電壓值已接近馬達線間電壓 V_{line} 額定值，記錄對應的電壓、電流及功因值，同堵轉試驗中，對 Y 接型馬達，輸入電壓為線電壓，因此 $V_{ph} = V_{line}(\text{rms})/\sqrt{3}$。計算鐵損電阻 R_c 及轉子漏電感 L_m，如下步驟：

1. 由測量得到的 V_{ph} 及 I_{ph} 計算得阻抗 $Z_n = (V_{ph}/I_{ph})\angle\tan^{-1}(Q_n/P_n)$，其中 Q_n 為虛功率，P_n 為實功率。

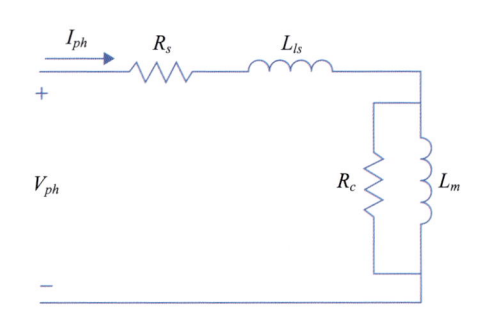

圖 4.5　單相感應馬達無載試驗等效電路

2. $Z_{fn} = Z_n - (R_s + jX_{ls}) = R_c \parallel jX_m$。
3. 定義 $Y_{fn} = 1/Z_{fn}$，則可直接計算得 $R_c = 1/\text{Re}\{Y_{fn}\}$ 及 $X_m = -1/\text{Im}\{Y_{fn}\}$。
4. 由 X_m 可計算 $L_m = X_m/2\pi f$。

4.3.1 無載試驗範例

本文以 Siemens 馬達 (1PV5135-4WS28) 為例，依上述試驗程序，可建立如表 4.4 之無載試驗的測試結果，並繪製如圖 4.6 之 L_m 對相電流之曲線圖。

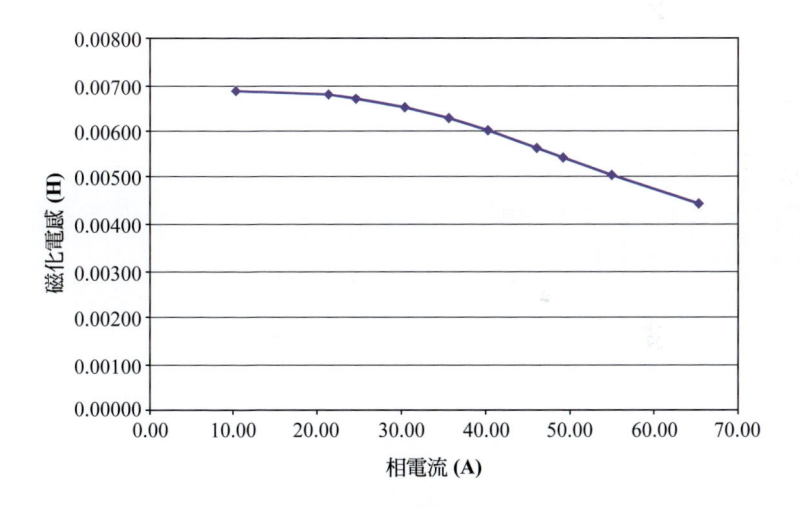

圖 4.6 L_m 對相電流之曲線圖

表 4.4 無載試驗測試結果

Siemens 1PV5135-4WS28

No Load Test Data

fs= 60	Stator electrical frequency [Hz]	
Rs= 0.0343	Value of the stator phase resistance [ohms]	
Lls 0.0003	Value of the stator leakage inductance [H]	
Vll	Voltage, line-to-line RMS [V]	RMS voltage, mean line-to-line of 3 phases (Vab + Vbc + Vca) / 3
Vph	Voltage, phase [V]	Vll / SRQT(3)
I	Current, line RMS [A]	RMS current, mean of 3 phases (Ia + Ib + Ic) / 3
P	Power [kW]	3-phase power P = Vph * I * 3 * PF
PF	Power Factor	PF = P / (3 * Vph * I)

	Measured	Measured	Measured	Calculated	Calculated							
Test 1	Vll	I	PF	Phase (deg)	Zreal	Zimag	Zn	Rs+jXls	Zfn	Rc	Xm	Lm
	46.45	9.93	0.096	84.5	0.259	2.69	0.2592669003 39414+2.688 22326158378i	0.0343+0.113 09733552923 3i	0.2249669003 39414+2.575 12592605455i	29.70	2.59478	0.00688
	97.64	21.06	0.071	86.0	0.189	2.67	0.1887112943 96918+2.670 09558954322i	0.0343+0.113 09733552923 3i	0.1544112943 96918+2.556 99825401399i	42.50	2.56632	0.00681
	111.45	24.37	0.067	86.2	0.177	2.63	0.1769044342 46176+2.634 43172593594i	0.0343+0.113 09733552923 3i	0.1426044342 46176+2.521 33439040671i	44.72	2.52940	0.00671
	134.78	30.22	0.062	86.4	0.160	2.57	0.1599049709 58754+2.569 98942928111i	0.0343+0.113 09733552923 3i	0.1256049709 58754+2.456 89209375188i	48.18	2.46331	0.00653

第四章 驅動器與感應馬達匹配參數測量與調校

152.65	35.45	0.059	86.6	0.147	2.48 0.1466803553 43187+2.481 77687499705i	0.0343+0.113 0973355292 3i	0.1123803553 43187+2.368 67953946782i	50.04	2.37401	0.00630
166.1	40.13	0.057	86.7	0.136	2.39 0.1364507583 24891+2.385 78168137698i	0.0343+0.113 0973355292 3i	0.1021507583 24891+2.272 68434584775i	50.67	2.27728	0.00604
178.90	45.92	0.055	86.8	0.124	2.25 0.1237116283 46936+2.245 89768708771i	0.0343+0.113 0973355292 3i	0.0894116283 46936+2.132 80035155787i	50.96	2.13655	0.00567
184.50	49.13	0.054	86.9	0.117	2.16 0.1170800067 56284+2.164 98480523025i	0.0343+0.113 0973355292 3i	0.0827800067 56284+2.051 88746970102i	50.94	2.05523	0.00545
192.62	54.94	0.053	87.0	0.107	2.02 0.1066750146 78992+2.021 38098591233i	0.0343+0.113 0973355292 3i	0.0723750146 78992+1.908 28365038311i	50.39	1.91103	0.00507
203.60	65.50	0.051	87.1	0.092	1.79 0.0917057878 876046+1.79 228919939628i	0.0343+0.113 0973355292 3i	0.0574057878 876046+1.67 91918638670 5i	49.18	1.68115	0.00446

4.4 參數調校流程

透過直流試驗、堵轉試驗及無載試驗，分別可獲得參數 R_s、R_r、L_m、L_{ls} 及 L_{lr} 等數值。在進行調校測試前，需將上述已量測並計算出之馬達參數，輸入至控制器的原始程式碼中。以先前 Siemens 馬達 (1PV5135-4WS28) 為例，$R_s = 0.0343\ \Omega$（直流試驗得知），如圖 4.1 所示，在初始 $\omega_{re} = 0$ 時，$i_{qs}^{e*} = 0$，但存在初始 $\lambda_{dr}^{e*} = L_m i_{ds}^{e*}$，定義初始電流 i_{ds}^{e*} 可利用 V/F 控制，在無載時將馬達帶至額定轉速，此時無載電流即可定義為初始 i_{ds}^{e*}，亦或是額定電流的 25%-40%。以 Siemens 馬達為例，定義初始 $i_{ds}^{e*} = 55$ A(rms) = 77.77 A(peak)，根據先前無載試驗，L_m 對相電流為一條特性曲線，故獲得 $L_m = 0.0051$ H，因此可計算出初始磁通鏈命令 $\lambda_{ds}^{e*} = 77.77 \times 0.0051 = 0.397$ Wb。另外，$R_r = 0.040\ \Omega$，$L_{ls} = 0.000192$ H 及 $L_{lr} = 0.000288$ H（根據堵轉試驗，三個參數並非常數值，因此選擇在平均電流狀況下的數值，作為程式輸入的參數值）。

由感應馬達轉矩公式

$$T = \frac{3p}{4}\frac{L_m}{L_r}\lambda_{dr}^e i_{qs}^e = \frac{3p}{4}\frac{L_m^2}{L_r}i_{ds}^e i_{qs}^e = \frac{3p}{4}\frac{\lambda_{dr}^{e\ 2}}{R_r}(\omega - \omega_{re}) \quad (4.7)$$

只要適當控制定子 d 軸電流，即可控制轉子 d 軸磁通，配合控制定子 q 軸電流，可控制輸出轉矩，其中 p 表馬達極數。再者，參數 R_r 及 L_m 的準確性亦為影響控制輸出轉矩的重要因素。

為了調校參數 R_r 及 L_m，可利用扭力比（實際量測扭力/命令扭力）對實際量測扭力繪製圖形如圖 4.7 (@1000 rpm)。理論

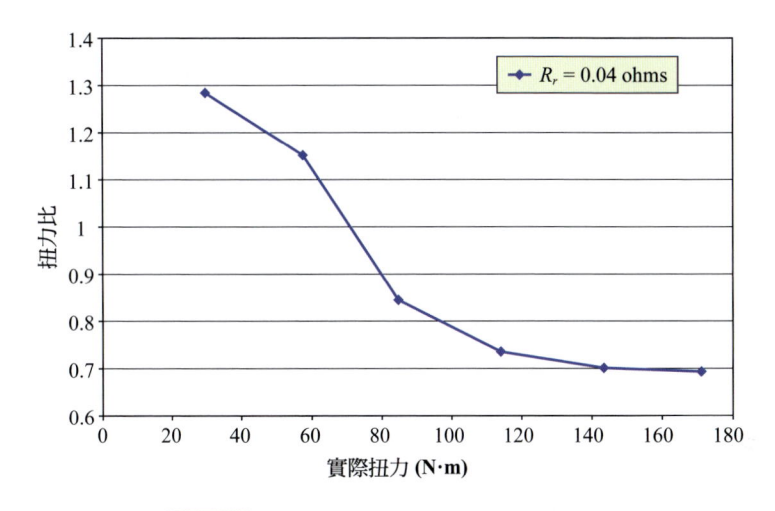

第四章 驅動器與感應馬達匹配參數測量與調校

[圖表：扭力比 vs 實際扭力 (N·m)，$R_r = 0.04$ ohms]

圖 4.7 扭力比－實際量測扭力曲線圖

上,該曲線越平坦且接近 1 時,代表參數 R_r 及 L_m 越準確。

　　扭力比的圖形結果顯示,在低負載狀況下,扭力比過高(甚至超過 1),在高負載的狀況下扭力比則偏低(約在 0.7 左右),代表目前驅控器內的數學模型中,估計扭力命令與 I_q 的方式不正確,所以導致實際的扭力與命令的不同。這種趨勢看起來像是扭力的斜率不正確,所以需要調整其斜率到扭力比的曲線趨近平滑的。由 (4.7) 式,當磁通固定的狀況下,扭力命令的變化會與轉子電阻 R_r 相關,因此要透過變更 R_r 來觀察扭力比是否可以調整到至較比滑。

　　變更 R_r 時,因為這個參數的輸入必須在驅控器的原始碼中修改,如此才能對應整個控制策略的參數使用,如圖 4.1 的控制方塊圖。將 R_r 設定調降為 0.03 Ω、0.028 Ω、0.026 Ω, 及 0.024 Ω 記錄扭力比－實際量測扭力曲線圖 4.8。由圖中可以清楚的看

到 R_r 的值調整到 0.03 Ω 時，扭力比的值已經較為接近 1，且斜率已經較先前平順（但仍未完全平順），因此接下來我們還要繼續觀察 R_r 對扭力比的準確度的影響，進而修正馬達參數，直到可以正確反映出數學模型是正確的，方能夠將感應馬達控制到扭力輸出是較為準確的。

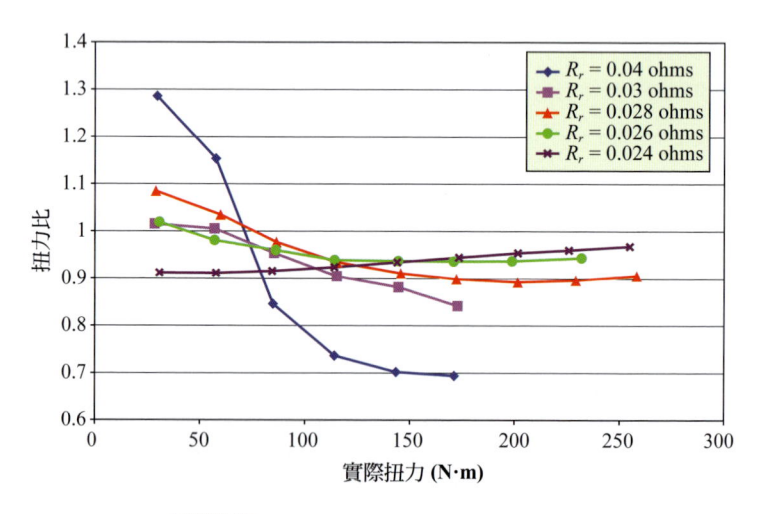

圖 4.8 R_r 變化對扭力比的影響曲線

由曲線結果可以看出 R_r = 0.024 Ω 時，全域的結果呈現較均勻的走勢。因為再改變 R_r，也無法讓扭力比變得更好，且 R_r 的結果在 0.024 Ω 已經較為平均且接近 1。再者，觀察扭力命令公式，修改 L_m 亦會影響扭力比的走勢，原先的值為 5.1 mH，因此修改 L_m 值分別為 4.5 mH、4.9 mH，其扭力比對實際扭力作圖之結果如圖 4.9 所示。因為 L_m 修改時相對的會影響磁通的計算，磁通鏈的計算公式為 $\lambda_{dr}^{e*} = L_m i_{ds}^{e*}$，得

第四章 驅動器與感應馬達匹配參數測量與調校

L_m = 5.1 mH，λ_{ds}^{e*} = 0.0051 × 77.77 = 0.397 Wb

L_m = 4.9 mH，λ_{ds}^{e*} = 0.0049 × 77.77 = 0.381 Wb

L_m = 4.5 mH，λ_{ds}^{e*} = 0.0045 × 77.77 = 0.350 Wb

由圖 4.9 可以看出，當 L_m = 4.9 mH 時，扭力比的值最接近 1，且目前在各實際扭力上均能夠維持 4% 以內的誤差量，代表的是扭力命令與實際扭力間的誤差量已經可以控制在 4% 以內。

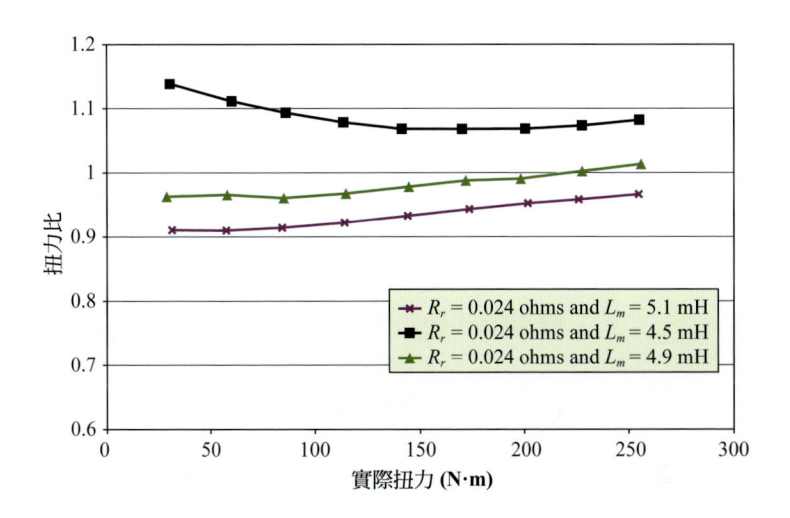

圖 4.9 ► 改變 L_m 對扭力比的影響曲線

因為這個測試的結果只是在 1000 rpm 的轉速結果，因此需要進一步確認在 2000 rpm、3000 rpm 時的扭力比狀況是否也能夠維持正確。另外，最大扭力轉折點即是額定轉速點。所以轉速若超過額定轉速時，便要開始進行弱磁控制。

圖 4.10 為扭力比對實際扭力在 1000 rpm、2000 rpm 與 3000 rpm 的結果可以看出轉速對目前設定值下的扭力比的影響程度

大約僅 1~2%，所以整體而言，仍在 5% 以內。圖 4.11 展示出經由參數調校前後的差異性。

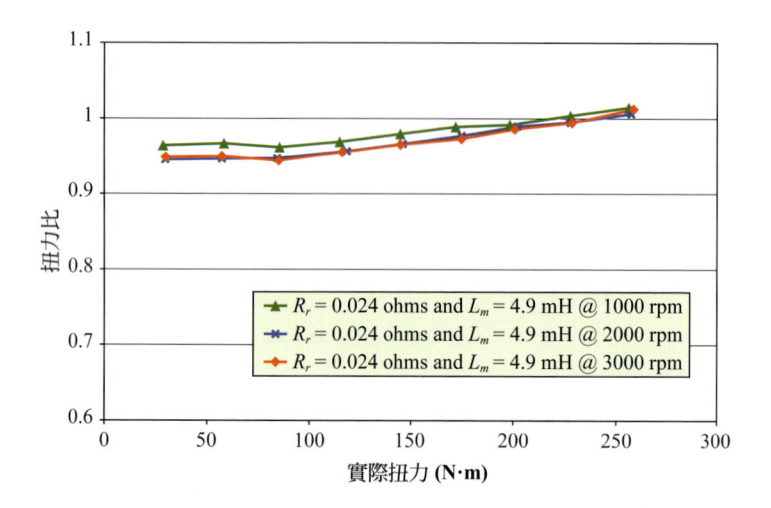

圖 4.10 扭力比對轉速的驗證

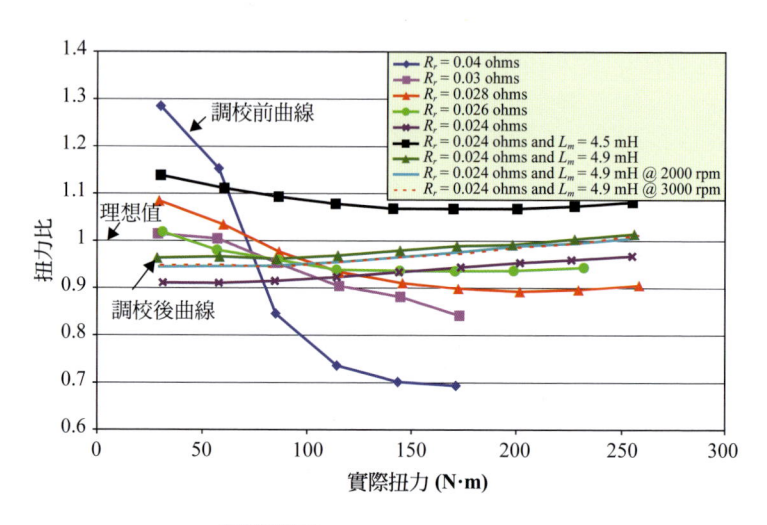

圖 4.11 參數調校前後驗證

第四章　驅動器與感應馬達匹配參數測量與調校

先前的測試都設定在固定磁通鏈，而且是由 L_m 與 i_{ds}^e 的計算求得。然而在真實的物理世界中，磁通鏈應該是變動的，所以在控制邏輯中，就有磁通鏈估測的設計，當轉速超過基載轉速 ω_{base} 時，便啟動弱磁控制。其原則是在基載轉速之後，開始降低轉子磁通鏈命令 λ_{ds}^{e*}，調整轉子磁通鏈命令的規則如下：

If $\omega_r > \omega_{base}$ then

$$\text{Flux\_command} = \text{normal\_flux\_command} \cdot \frac{\omega_{base}}{\omega_r} \quad (4.8)$$

其中 ω_{base} 是 V_{dc} 在固定的狀況下的一個固定值，透過以下方式計算

$$\omega_{base} = \left(\frac{V_{dc}}{\sqrt{3}} \cdot 0.95\right) / \omega_{base\_const} \quad (4.9)$$

$$\omega_{base\_const} = \sqrt{L_s^2 \, i_d^2 + L_s'^2 \, i_q^2} \quad (4.10)$$

$$L_s' = L_{ls} + L_m - \frac{L_m^2}{L_m + L_{lr}} \quad (4.11)$$

其中 i_d 為額定磁化電流；i_q 為最大 q 軸電流命令。

磁通鏈命令會根據轉速的上升而會下降，因為轉速在分母，分母越大，磁通鏈命令越小。上式為一般適用之通式，實際上可再經由微調磁通鏈命令，改善操作點的效率。在以下測試中，在不同負載下，將正規磁通鏈微調一個倍數，可以看出馬達效率的變化。

表 4.5 正規磁通調整倍率

負載 (N·m)	微調正規磁通鏈之倍數		
50	0.50	0.75	1.00
100	0.75	0.85	1.00
150	0.85	1.00	1.15

其中，正規磁通鏈為 0.381 Wb。

測試結果整理如表 4.6，在負載為 50 N·m 的狀況下，在各個轉速下的效率，以磁通鏈命令為 0.286 Wb 時最佳。在負載為 100 的 N·m 狀況下，則呈現出不同的趨勢，除了在 2000 rpm 時，磁通鏈命令為 0.324 Wb 時效率較佳外，其他轉速則以磁通鏈命令為 0.381 Wb 時效率較佳。在負載為 150 N·m 的狀況下，則呈現出不同的趨勢，除了在 1000 rpm 時，磁通鏈命令為 0.438 Wb 時效率較佳外，其他轉速則以磁通鏈命令為 0.381 Wb 時效率較佳。

4.5 參數調校方法結論

根據上面的調校範例，可以將參數調校重點歸納如下：

(1) 透過直流試驗可獲得感應馬達定子電阻值 R_s。
(2) 透過無載試驗可獲得感應馬達等效電路中的鐵損電阻 R_c 與磁化感抗 X_m，並由 $X_m = 2\pi f L_m$ 可計算出磁化電感 L_m，並可畫出感應馬達磁化電感 L_m 對電流之變化曲線。
(3) 透過堵轉試驗可獲得感應馬達轉子電阻 R_r、定子洩漏電感 L_{ls} 與轉子洩漏電感 L_{lr} 對電流變化之曲線。

第四章 驅動器與感應馬達匹配參數測量與調校

表 4.6 不同磁通命令 (flux command) 在各轉速下之效率測試結果

1000 rpm	50 N·m			100 N·m			150 N·m		
Flux Level	0.191	0.286	0.381	0.286	0.324	0.381	0.324	0.381	0.438
Efficiency	0.8457636	0.8788541	0.8681584	0.8457257	0.8446409	0.8752488	0.810854	0.8150105	0.8352286

2000 rpm	50 N·m			100 N·m			150 N·m		
Flux Level	0.191	0.286	0.381	0.286	0.324	0.381	0.324	0.381	0.438
Efficiency	0.8939766	0.9137758	0.8911353	0.8849313	0.9108086	0.8978707	0.8694423	0.897607	0.8911845

3000 rpm	50 N·m			100 N·m			150 N·m		
Flux Level	0.191	0.286	0.381	0.286	0.324	0.381	0.324	0.381	0.438
Efficiency	0.8920971	0.9076269	0.9037793	0.906841	0.9161199	0.9216301	0.9028069	0.9082247	0.9011491

(4) 根據上述 (1) ~ (3) 之測試結果，選擇在額定電流狀況下的 L_m、R_r、L_{ls}、L_{lr} 作為感應馬達參數的初始值，並且計算磁通鏈命令值，進行各種扭力負荷狀況下之扭力比（實際量測扭力 / 命令扭力）的測試，同時觀察電流波形是否為可接受的弦波。
(5) 如果扭力比的斜率不正確時，先調整 R_r，使扭力比的斜率盡可能的平坦。
(6) 當調整到扭力比平坦的狀況下，如果扭力比的值仍未達 1 附近，則進一步調整 L_m，使所有扭力負荷下的扭力比逼近於 1（以最大誤差在 4% 內為目標）。
(7) 在轉速小於基載轉速時，可微調磁通鏈命令以獲得更佳的效率；在轉速大於基載轉速時，需使用公式估算磁通鏈命令，以提供弱磁功能。依據上述步驟，此時感應馬達調校工作即可完成。

本章節僅以感應馬達的調校為例，說明如何進行驅動器與馬達的調校流程。針對不同型式的馬達，必須根據實際情況進行不同的調校工作，例如 PMSM 型式的馬達控制，僅需要在驅動以及回充狀況下調校，並建立相對應的 i_d/i_q 參數對照表即可，而感應馬達則因為多了一個滑差 (slip) 變數，所以驅動器無法單純以 i_d/i_q 參數對照表，對感應馬達進行控制，必須結合感應馬達的參數，建立數學型式的控制模型，這可以說明感應馬達的參數量測與取得非常重要，如果這些參數的設定是準確的，將可以透過數學模型求得正確的滑差量，進一步搭配磁通鏈命令與扭力命令，對感應馬達進行精準地控制。

參考文獻

[4-1] Nam, K. H., *AC Motor Control and Electric Vehicle Applications*, 1st ed., (Boca Raton: CRC Press, 2010), 109-121, ISBN: 978-1-4398-1963-0.

第五章

虛擬車輛動力系統測試

5.1 虛擬車輛動力系統測試方法

目前市場量產的車輛動力系統可分為**內燃機引擎** (internal combustion engine, ICE)、**混合電動** (hybrid electric vehicle, HEV)、**插電式混合電動** (plug-in hybrid electric vehicle, PHEV) 及**純電動** (all electric vehicle, AEV) 等幾個類型。其中除傳統內燃機引擎之外,其他動力系統皆包括電動動力系統(馬達/發電機及驅控器),且各系統內的電動動力的運作方式也不盡相同。以 PHEV 電能補充為例,PHEV 除可透過充電座及車載充電器對電池充電之外,在車輛行駛期間則是直接透過煞車動能回收,以及內燃機引擎對電池充電。由此可見電動車的動力系統相當複雜,系統中的每個元件也都有其相對應的電子控制單元,分別進行各種完全不同的行為控制,例如電池充放電、馬達驅動以及動力分配等等,若僅使用傳統的測試方法,較難對這樣的車輛動力系統進行全面性的測試,且較難僅針對單一控制單元進行系統級的測試工作,因此結合虛擬車輛模型,進行車輛動力系統測試的方法,應運而生。

不同於以往的測試方法,虛擬車輛動力系統測試方法是以**模型在環模擬技術** (model-in-the-loop, MIL) 與**即時模擬技術**

(real-time simulation, RTS) 兩個核心元素為基礎所建立的測試方法，與以往的測試方法最大的差別，在於虛擬車輛動力系統測試方法，除了能夠對各種類型的動力系統進行整個系統效能與運作的測試之外，還可針對動力系統中的核心元件，如電池、馬達、驅控器或是其他元件、相關的電子控制單元，進行獨立的功能性測試以及故障測試，進一步滿足電動車動力系統的測試需求。

在開始說明虛擬車輛動力系統測試方法之前，必須先了解 MIL 與 RTS 兩個核心元素的細節。

5.1.1 模型在環模擬技術 (MIL)

如同字面上的意思，模型在環模擬是將模型納入模擬迴圈，進行模擬計算，其中的模型是指各系統組成元件的物理模型，以及其相對應的控制模型組合，成為一個完整的系統，給定各種不同的工作條件下，模擬系統可能發生的運作狀況與效果。MIL 運作示意如圖 5.1 中所示。

MIL 最大的優勢，在於能夠於系統開發時，確認該系統的規格與功能，是否滿足設計需求，在系統開發前期發現可能存在的問題，提高產品開發的效率。目前 MIL 已大量應用於各領域中，在這裡我們將 MIL 內的模型統合稱為車輛元件模型，建立車輛元件模型的方法很多，一般常見的車輛元件模型建立方法，可以分為以下幾種：

1. 使用，如 Simulink®、MapleSim 等，基於數學方程式與數值計算方法的模型設計軟體，進行車輛模型與控制器模型的建

第五章 虛擬車輛動力系統測試

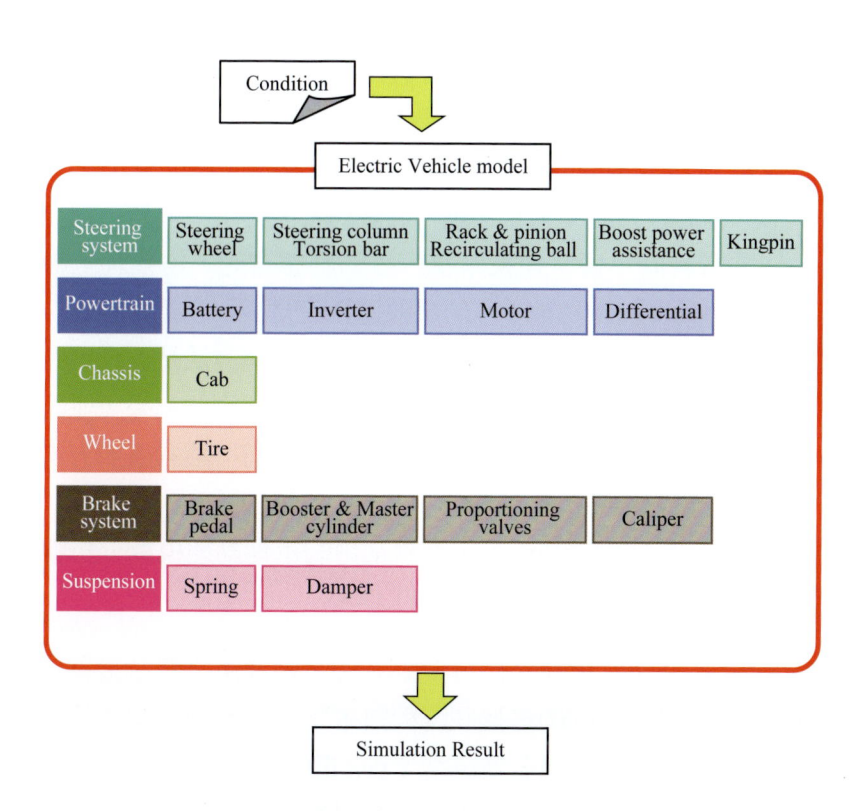

```
                    ┌───────────┐
                    │ Condition │
                    └───────────┘
                          ↓
    ┌─────────────────────────────────────────────────────┐
    │              Electric Vehicle model                 │
    │                                                     │
    │  Steering  │ Steering │ Steering column │ Rack & pinion   │ Boost power │ Kingpin │
    │  system    │ wheel    │ Torsion bar     │ Recirculating ball│ assistance  │         │
    │                                                     │
    │  Powertrain│ Battery  │ Inverter        │ Motor            │ Differential│
    │                                                     │
    │  Chassis   │ Cab                                            │
    │                                                     │
    │  Wheel     │ Tire                                           │
    │                                                     │
    │  Brake     │ Brake    │ Booster & Master│ Proportioning   │ Caliper     │
    │  system    │ pedal    │ cylinder        │ valves          │             │
    │                                                     │
    │  Suspension│ Spring   │ Damper                              │
    └─────────────────────────────────────────────────────┘
                          ↓
                  ┌──────────────────┐
                  │ Simulation Result│
                  └──────────────────┘
```

圖 5.1 MIL 運作示意圖

置工作。因為是透過數學方程式建立的數學模型，計算速度非常快，適合用於完整的系統或整車模型模擬工作。數學方程式沒有描述的動態行為，則無法表現。

2. 藉由 Ansys® Mechanical®、Ansys® Maxwell® 等電腦輔助工程（computer aided engineering, CAE）模擬軟體，進行車輛元件模型的建置工作。與數值方法建立的模型相比，這種方法是透過實際繪製出與實物相同的電腦輔助設計（computer aided design, CAD）模型後，透過有線元素法或是有線差分法，計算 CAD 模型間的相互運動狀況，進一步模擬完整模型的受力狀況，以及運動結果。這種方法建立的模型，能夠模擬到非常細微的狀態變化，適合用於對元件的受力、變形、模態以及能量變化，進行詳細的暫態分析，但是這種方法非常耗時，通常模擬系統一秒的動態響應，需要耗上數十、百秒，甚至是數千秒的電腦運算時間。

3. 藉由實驗結果，建立等效的表格模型。這種方法是對真實的元件，如馬達或電池進行單元測試後，記錄測試結果，並建立成二維或三維的表格模型，在系統模擬時，透過查表方法表現真實元件的行為。
4. 直接使用，如 CarSim 等，業界常用的車輛動態模擬分析軟體，進行車輛元件模型建模的工作。

　　上述都是建立車輛元件模型的方法，各方法之間並沒有好壞的差異，但在不同的模擬狀況與需求下，必須因地制宜的，選用最合適的方法。但若要結合下面的即時模擬技術，則僅有數值計算方法模型、表格模型以及業界車輛動態模擬建模軟體可以使用。若是以電腦輔助工程方法建立的模型，則必須轉換為表格模型，才能夠滿足即時模擬運算速度的需求。透過 MIL 技術結合車輛元件模型後，即可表現車輛動力系統，在各種不同情境下的動態行為，確認系統元件的規格或設計是否滿足需求。

　　以 PHEV 模型[5-1]為例，圖 5.2 即為一車輛元件模型組成的 PHEV 車輛動力系統範例模型，此模型是透過加拿大 Maplesoft 研製之模型設計軟體 MapleSim 建置而成，該模型包含鋰鐵電池模型、驅控器模型、馬達模型、內燃機模型、動力分配模型、

第五章　虛擬車輛動力系統測試　175

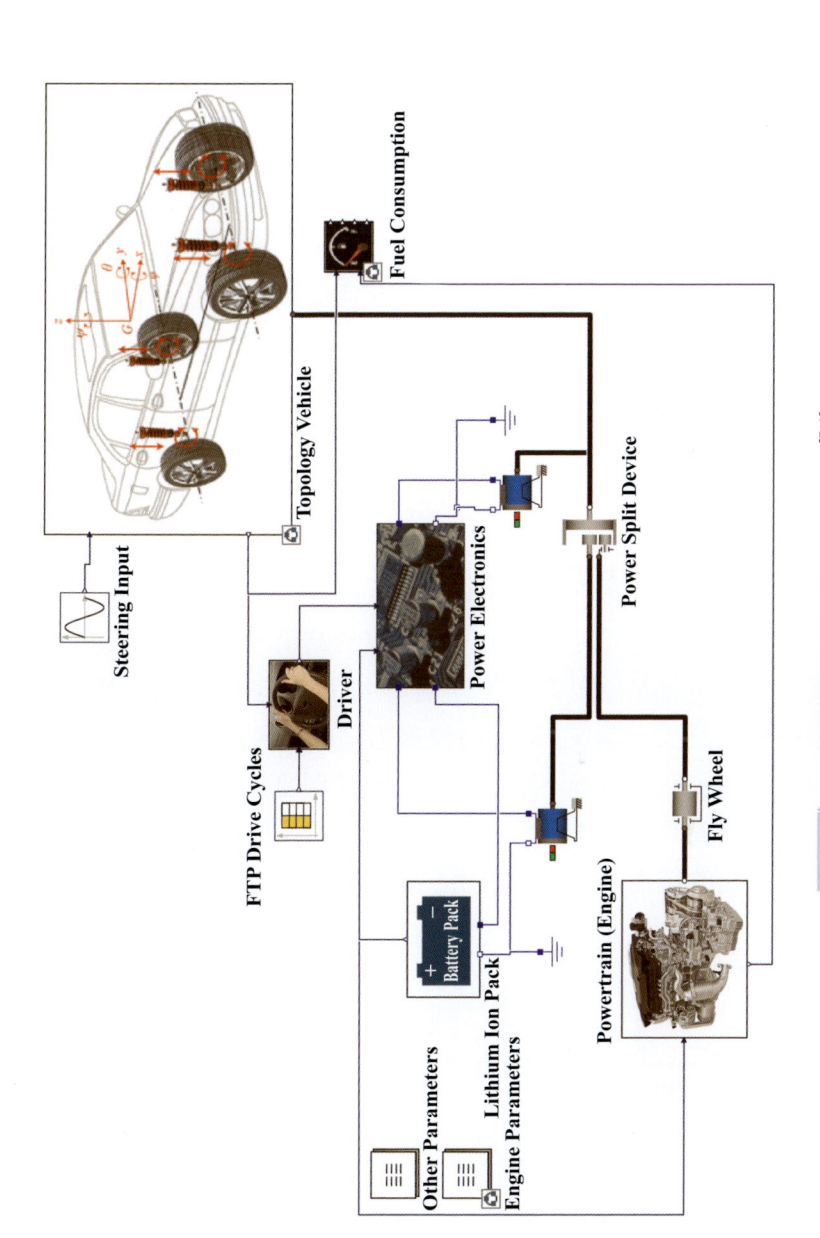

圖 5.2　PHEV 車輛動力系統範例模型 [5-1]

整車底盤模型以及相對應的控制策略等，當給定期望的駕駛情境以及行駛工況，作為模擬條件後，可以透過模擬獲得車輛動力系統的運作結果，進一步判斷該系統是否滿足設計需求。假使任一元件不滿足需求，可以透過參數修改與模型置換，找到最符合需求的設計規格。

MIL 雖然能夠協助確認系統的元件或規格是否滿足需求，但是由於 MIL 運作於單純的軟體環境，軟體環境中並不包含實體訊號以及通訊方法，故 MIL 模型無法直接結合真實的元件，或是控制單元進行整合測試，需要透過即時模擬技術，來實現偕同真實元件或電子控制單元的整合測試工作。

5.1.2 即時模擬技術 (RTS)

顧名思義，即時模擬是，將模擬的結果，以真實時間的方式呈現，也就是說，當實際經過 1 秒時，即表現出當下經過 1 秒的模擬結果，圖 5.3 為即時模擬方法的效果，相較於一般的模擬方法，即時模擬不單單僅是在軟體環境運作，而是強調在真實世界的時間，透過相對應的介面，輸出即時的模擬結果。即時模擬的技術已被大量應用在虛擬模型與真實系統整合模擬

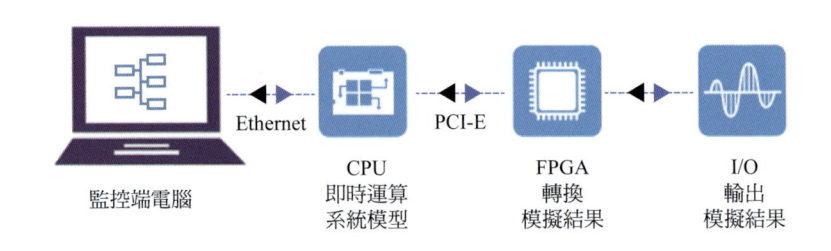

| 監控端電腦 | Ethernet | CPU 即時運算系統模型 | PCI-E | FPGA 轉換模擬結果 | | I/O 輸出模擬結果 |

圖 5.3 即時模擬硬體系統架構圖 [5-2]

第五章 虛擬車輛動力系統測試

相關的測試或開發應用上，原因在於一般的模擬方法，將完整的系統模型建構在單一模擬環境下進行模擬，因此不存在系統間，透過實體資料交換的能力，也不考慮模擬的即時性，只要能模擬出正確的結果即可，故一般的模擬方法無法滿足模型與真實的系統整合測試的需求。

如要進行即時模擬，需將模型編譯轉為機械碼後，透過**即時作業系統** (real-time operating system, RTOS) 進行模擬運算，並於中斷觸發時間，將模擬結果透過指定的界面輸出，或是透過指定的界面，接收來自模擬器外面的訊息，完成即時模擬工作。

目前市面上已有許多即時模擬系統設備商，雖然各家產品有其自己的獨特性，但基本的運作架構相當類似。以圖 5.3 OPAL-RT 的即時模擬系統運作架構[5-2]為例，其以 Linux 為基礎的 RTOS 作為運算環境，使用 CPU 進行系統模型計算後，再透過以**現場可程式化閘陣列** (field-programmable gate array, FPGA) 為基礎的 I/O 介面，或是通訊介面與外界進行資料交換，而系統運作的結果與狀況，會透過網路通訊 (Ethernet) 的方式傳送到監控端電腦，使用者即可透過監控端的畫面，確認系統在即時模擬時的運作情形。

根據應用類別，一般即時模擬的應用可以分成**軟體在環** (software-in-the-loop, SIL)[5-3]、**硬體在環** (hardware-in-the-loop, HIL)[5-3]、**快速控制器原型化設計** (rapid-control prototyping, RCP)[5-3]、**功率硬體在環** (power hardware-in-the-loop, PHIL)[5-3] 等四大類別，下面將分別詳述。

5.1.3 軟體在環即時模擬 (SIL)

軟體在環即時模擬架構示意如圖 5.4 所示,其中的軟體指的是控制器軟體,也就是將控制模型轉換為控制代碼 (code) 後的狀態,當控制策略以「模型」的型態運作時,所有的行為僅為單純的數學行為,但經過控制代碼的轉換後,資料的格式及離散的運作狀況等,都有可能使得控制行為與控制模型有出入,所以可以說 SIL 主要是驗證控制模型在轉換前與轉換後,在即時模擬系統中運作的效果,其目的是為了確認控制模型轉換為控制代碼後,其功能與行為需與原本的模型相同。此外,當控制器與其他模型間的溝通方式轉換為實體訊號後,雜訊、延遲以及連接故障狀況,是否會對系統造成非預期性的影響與傷害,都可透過 SIL 的方式進行測試與驗證。

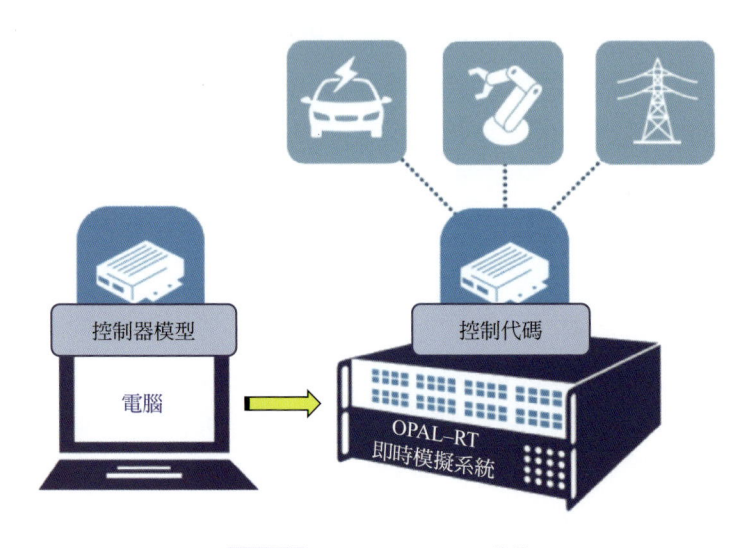

圖 5.4　軟體在環 (SIL) [5-3]

5.1.4 硬體在環即時模擬 (HIL)

硬體在環即時模擬是將實際的控制硬體，導入整個系統迴圈中，結合即時模擬系統進行測試。在實體控制器上車前，即可透過即時模擬器，來模擬整車運動狀態，包含虛擬車輛在各種測試環境下的各種響應。結合即時模擬技術與相對應的硬體訊號、通訊方式，將虛擬車輛的響應傳回給控制器，讓控制器「誤以為」其身處於實際的環境之中。

藉由這種測試架構，我們能夠於即時模擬器上產生各種測試情境與狀況，進行各種危險性較高、重現性較低以及重複性的測試工作，讓控制器進行實車測試之前，能夠先確認其控制效果已達到一定的程度，進一步降低實車測試時的風險。除了上述針對控制器的測試之外，HIL 也經常用來驗證各種測試狀況的重現性。透過實測時錄製的資料，即時模擬器能夠還原大部分的測試狀況，讓開發人員能夠以更詳細的方式，分析測試結果。

要做到 HIL 測試的可信度，有兩個關鍵必須掌握。第一個關鍵在於即時模擬器響應是否夠真實，否則會造成結果誤判，增加實車測試的風險。第二個關鍵在於即時模擬響應輸出的手段是否符合實際的狀況，這裡並非要即時模擬器能夠輸出的越快、越精準，而是必須根據實際的環境來調整訊號與通訊的輸出，讓模型的模擬結果能夠在「正確的」時間輸出給控制器，如此才能夠讓 HIL 的即時模擬結果，更貼近實際的環境。

圖 5.5 為 HIL 於整車模擬環境的應用範例，在此範例中可以看到，虛擬車輛系統模型建於模擬器的中央處理單元 (CPU) 中，透過 FPGA 將虛擬車輛運動模擬結果，藉由數位訊號、

類比訊號及車載通訊協定，如**控制器區域網路** (controller area network, CAN)，**局部互聯網路** (local interconnect network, LIN)，FLEXRAY 等多種傳輸方式，與實體控制器進行訊號交換。在這種運作架構下，可藉由事先規劃好之測試腳本，反覆測試各種狀況，驗證控制器的功能。

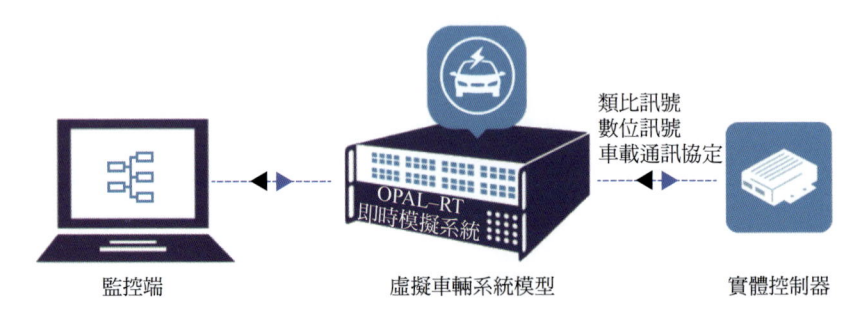

圖 5.5 硬體在環即時模擬 (HIL) [5-3]

5.1.5 功率級硬體在環即時模擬 (PHIL)

HIL 通常用於訊號等級之元件與設備的測試驗證工作，但若測試對象變為驅控器、電池或是馬達等大功率設備時，無法直接透過 HIL 進行測試，而是須透過功率放大設備，將訊號級硬體迴路的弱電訊號轉換為符合實際功率之真實訊號，讓即時模擬平台接收大功率之回饋訊號，達到真實功率下之硬體迴路測試。這種將 HIL 結合功率放大設備的方式即為功率級硬體迴路即時模擬 (PHIL)，測試架構示意如圖 5.6。一般 PHIL 較常用於驅控器或是馬達等大功率真實零組件的相關測試工作。

PHIL 中的 P 指的是 Power，也就是前面提到的功率，可以分為機械功率與電力功率兩個等級，下面將依序說明。

第五章 虛擬車輛動力系統測試

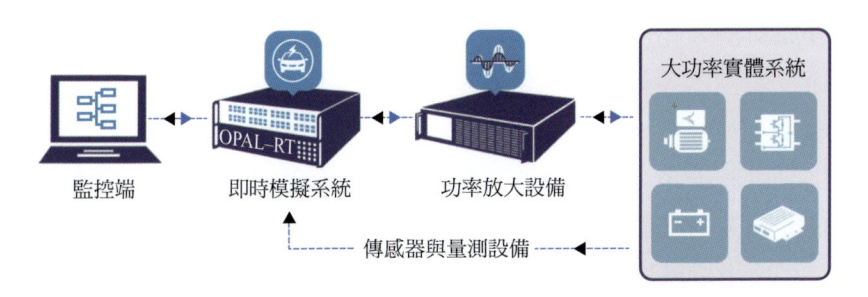

圖 5.6 ▶ 功率級硬體在環即時模擬[5-3]

機械功率級的 PHIL 一般會使用動力計或是大功率馬達，將整車模型模擬的轉速與扭力轉換為真實的車輛負載需求，因此受測對象一般為馬達與驅控器，系統架構圖如圖 5.7 所示，其中

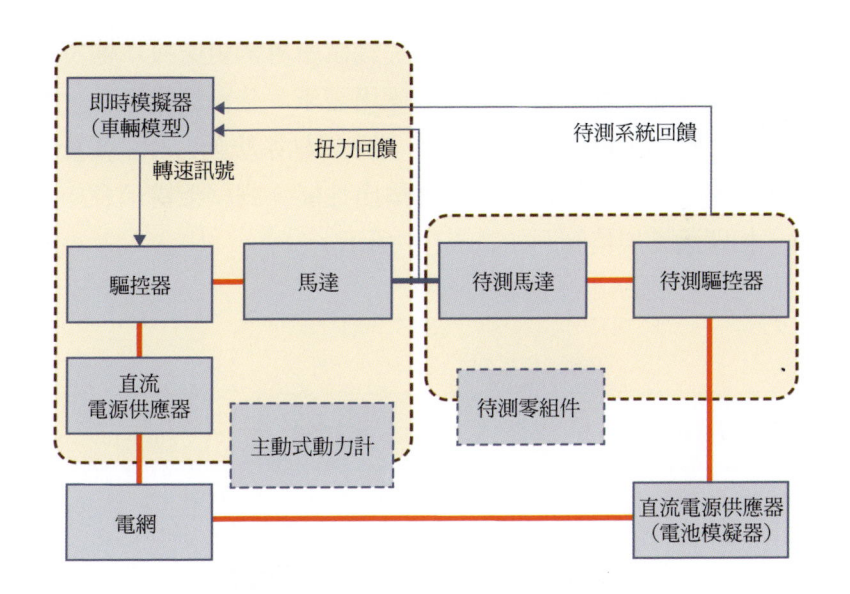

圖 5.7 ▶ 機械功率級 PHIL 運作架構圖

分成待測零組件與主動式動力計兩部分,其中實體部分包括馬達及驅控器等動力零組件;虛擬模型部分包括電池模型及車輛模型。其中電池是以直流電源供應器 (DC power supply) 方式提供驅動時的電力,或吸收車輛減速時動能回收的電力,車輛所需的動力則以動力計方式,模擬實際的動力系統負載。

使用機械功率級 PHIL 進行車輛動力系統測式有兩個主要目的,一是整車動力系統控制參數動態調校發展:評估各次系統的真實動態反應時間,對整車控制、整車能耗及動力性能之影響,目的為細緻調校各次系統控制參數;二是驗證車輛動力系統的車輛操作模式、電池電量管理、電力系統管理、車輛動力控制、電池保護等控制策略的可靠度與失效模式。

機械功率級 PHIL 測試架構,並非一定僅使用單軸動力計作為機械功率輸出的手段,以工研院機械所車輛組虛擬車輛實驗室的設備為例,就是根據不同的應用需求,分別建置單軸、雙軸及三軸動力計 PHIL 測試設備。其中單軸系統動力計主要量測引擎、馬達、或混合動力系統之輸出性能,測試架構示意如圖 5.8。相關設備規格範例如表 5.1 中所示。

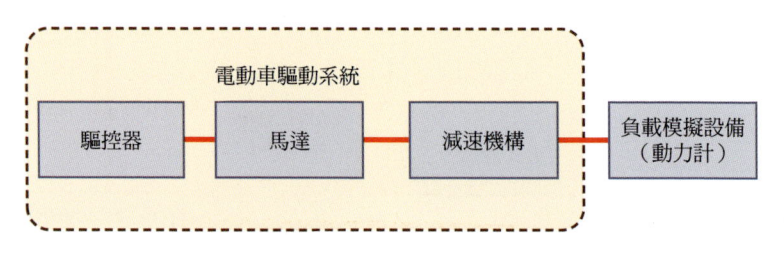

圖 5.8 單軸 PHIL 測試架構示意圖

第五章 虛擬車輛動力系統測試

表 5.1 ▸ 單軸 PHIL 之驅動動力計規格範例 [5-4]

單軸交流馬達動力計

動力計規格	
額定扭矩	500 N·m
低轉速扭矩	標稱值的 75% (0~60 rpm)，75%線性增加至 100% (60~150 rpm)
額定功率	250 kW
最高轉速	15,000 rpm
馬達運轉性能	當作為發電機運轉時性能減少 10%
過載能力（60 秒時間每 10 分鐘）	20%
轉動慣量	0.31 kg·m²
冷卻方式	強制空氣冷卻
速度傳感器解析度	512 脈衝/轉
環境濕度條件	最高 95%，未凝結
環境溫度條件	5~40℃

　　雙軸系統動力計主要量測引擎或馬達或混合動力系統，經由差速器之左右軸輸出性能（模擬車輛之左右輪輸出），測試架構示意如圖 5.9。相關設備規格範例如表 5.2 中所示。

184 電動車輛動力系統設計與整合簡介

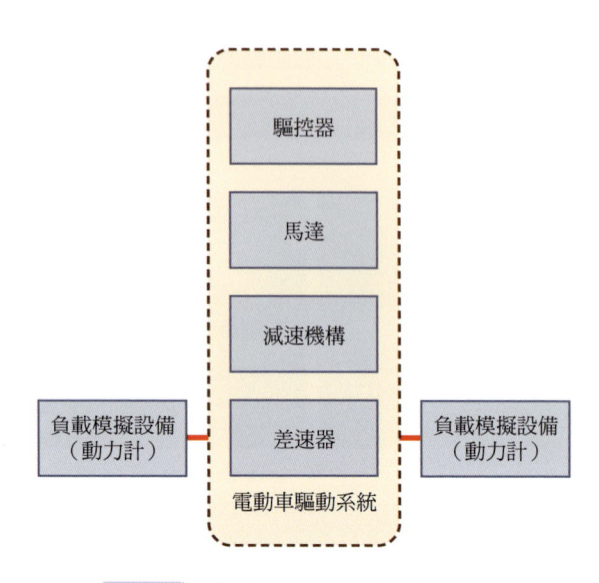

圖 5.9 ▸ 雙軸 PHIL 測試架構示意圖

表 5.2 ▸ 雙軸及三軸 PHIL 之驅動動力計規格範例 [5-4]

三軸交流動力計
（包括兩組負載動力計及一組模擬第二動力源之驅動動力計）

動力計規格	
額定吸收功率	≧ 200 kW
額定扭矩	≧ 3,000 N·m
最高轉速	≧ 2,500 rpm

轉動慣量	≦ 4 kg·m²
扭矩傳感器扭矩	≧ 4.5 kN·m
扭矩傳感器精度等級	≦ 0.05% Full Scale
第二動力源模擬之動力計規格	
額定吸收功率	≧ 200 kW
額定扭矩	≧ 350 N·m
最高轉速	≧ 8,000 rpm
轉動慣量	≦ 0.05 kg·m²
扭矩傳感器扭矩	≧ 900 N·m
扭矩傳感器精度等級	≦ 0.05% Full Scale

　　三軸系統動力計主要量測引擎、馬達、或混合動力系統，經由差速器之左右軸輸出性能之外，另可提供額外動力源加入現有動力系統。由圖 5.10 測試架構示意圖可看出，三軸動力計是包括兩組負載動力計及一組驅動動力計（第二動力源）。

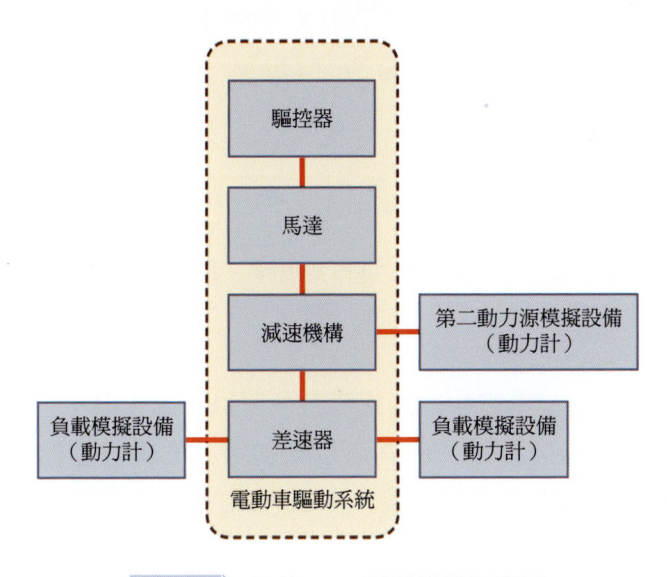

圖 5.10 三軸 PHIL 測試架構示意圖

電力功率級的 PHIL 使用二象限或四象限功率放大器,作為將電壓或電流放大的手段。這種 PHIL 主要用於進行驅控器相關的測試工作,這種 PHIL 架構通常只有驅控器是唯一真實零組件,其他次系統,如馬達或電池等,皆以模型形式置於即時模擬器中,以進行各種測試案例的模擬,確認驅控器於驅動模式及煞車發電模式的可靠度,與相關失效模式驗證。測試架構示意如圖 5.11 及 5.12。

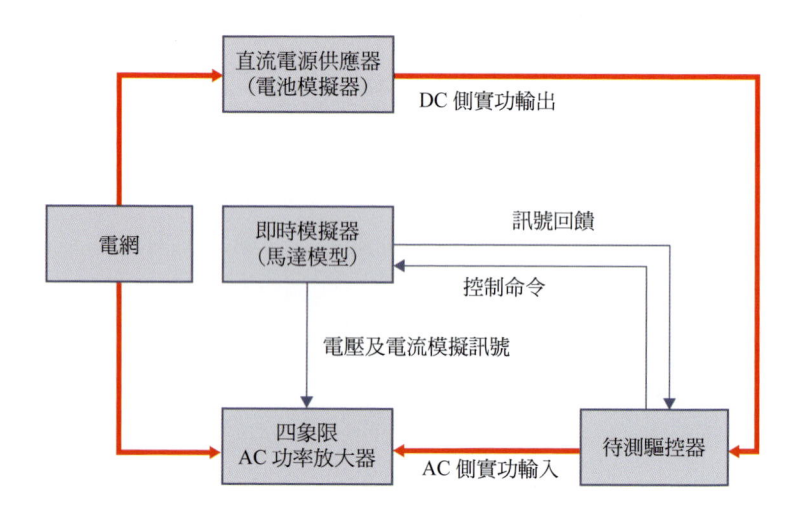

圖 5.11 電力功率級 PHIL 運作架構圖(驅控器為驅動模式)

由於即時模擬器中的馬達模型,可以精確模擬不同型式及不同功率等級的馬達,使其可以更加精確的調校實體驅控器的參數設計與規格驗證,進一步在 PHIL 平台上可驗證與分析

第五章 虛擬車輛動力系統測試

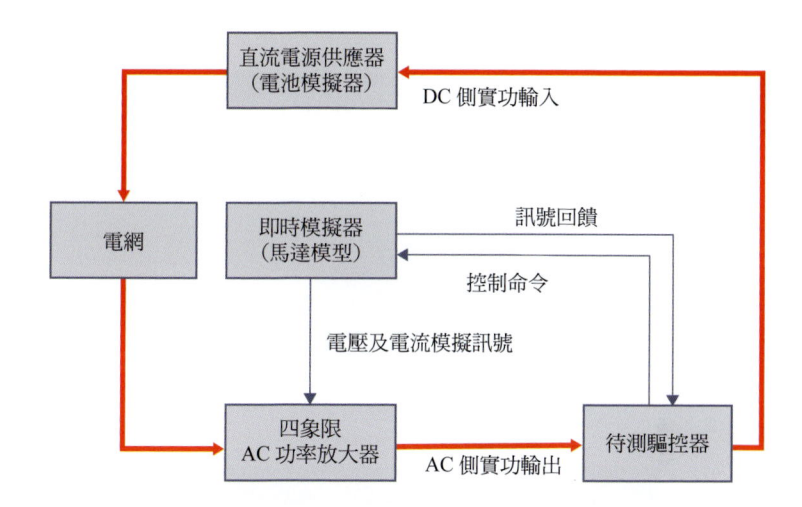

圖 5.12 電力功率級 PHIL 運作架構圖（驅控器為發電模式）

驅控器的硬體保護策略是否合理。主要驗證範圍包括**電力循環** (power cycling)、**基本故障插入** (basic failure insertion)、**驅控器研發** (inverter R&D)、**整合測試** (integration tests)、**控制迴路設計** (control loop design) 以及**高階故障插入** (advanced failure insertion)。

由於電力功率級 PHIL 需要精確的輸出功率訊號，因此在配備的規格要求上非常嚴苛，以工研院機械所車輛組虛擬車輛實驗室的電力功率級 PHIL 即時模擬測試設備，以及電池模擬器為例，需要相當高的設備規格，才能夠精確模擬實際馬達以及電池運作時的電壓與電流響應。相關設備規格範例如表 5.3 及 5.4 中所示。

表 5.3 ▸ 電力功率級模擬器規格範例 [5-4]

電力功率級 PHIL 即時模擬設備
（包含馬達即時模擬器與四象限功率放大器）

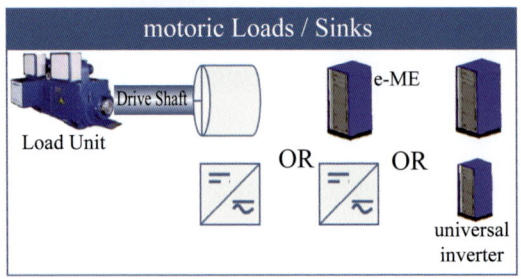

motoric Loads / Sinks

Load Unit — Drive Shaft — e-ME OR OR universal inverter

操作系統	四象限 (4-quadrant system)
	三相系統 (3-phase system)
虛擬電機速度 (emulated electrical rotation speed)	180,000 rpm
模擬諧波 (emulated harmonics)	40 kHz
最大直流鏈電壓 (maximum DC-link voltage)	800 V
最大相電壓 (maximum phase voltage)	516 V
最大相電流 (phase current, rms)	600 A
最大功率 (maximum power)	300 kW
相電阻模擬 (emulated phase resistor)	10~100 mΩ
相阻抗模擬 (emulated phase impedance)	80~300 μH

表 5.4 電池模擬器規格範例 [5-4]

電力儲能直流電源單元
(e-Storage DC Power Unit)

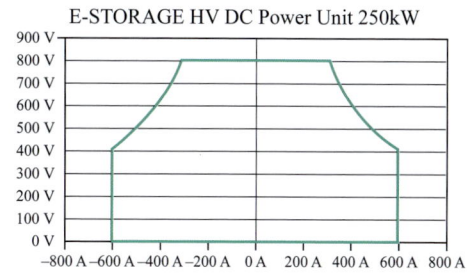

E-STORAGE HV DC Power Unit 250kW

標稱容量	250 kW
輸入特性（電源）	
能量消耗	270 kW
輸入電流	390 A
功率因數	> 0.99
輸出特性（被測單元）	
輸出直流電壓	8-800 V
反饋直流電壓	10-800 V
輸出電流	+/- 600 A
電壓容差（靜態）	± 0.5% FS
電壓容差（動態）	< 5% at 100% ohmic load change
漣波	0.25% off FS at ohmic load
電流容差（靜態）	0.5% FS
上升時間 (10% - 90%)	< 3 ms
短路動作	短路保護
電壓量測精度	0.5% FS ± 1 Digit/12Bit
電流量測精度	0.5% FS ± 1 Digit/12Bit
工作溫度	0-40°C

5.1.6 虛擬車輛動力系統測試流程

根據上面說明,當進行虛擬車輛動力系統測試時,須經過 MIL、SIL、HIL 以及 PHIL 四個階段。各階段的組成如表 5.5 中所示,在 MIL 階段為車輛系統與控制器模型建置及功能驗證階段,此階段將用於確認虛擬車輛動力系統的模型,是否與實際情況相符;進入到 SIL 階段則是驗證 MIL 之控制器,由模型轉為控制器代碼放入電子控制單元後,其行為與功能是否仍然相同;進入到 HIL 階段則是針對車輛動力系統中的各個電子控制單元,如**整車控制器** (vehicle control unit, VCU)、**馬達控制器** (motor control unit, MCU) 進行功能驗證,以及各電子控制單元的通訊以及硬體失效保護策略的功能驗證;PHIL 階段則是根據待測的次系統 (控制器、驅動器、馬達) 規格,選擇相對應的測試架構,進行電力或機械功率級的測試工作,進一步驗證次系統的功能。

表 5.5 虛擬車輛動力系統測試階層組成

驗證階層		驗證系統
MIL		車輛元件模型
SIL		控制器代碼
HIL	訊號級	控制器
	電力功率級 (PHIL)	控制器及驅動器
	機械功率級 (PHIL)	動力系統或驅動系統

5.2 虛擬車輛動力系統測試應用：整車行車效率測試技術

整車行車效率測試為虛擬車輛動力系統測試的代表性應用之一，原因在於透過虛擬車輛動力系統測試，能夠在動力系統上車之前，就能驗證上車後可能的表現，進行動力系統的耐久測試中，亦可透過建置的虛擬車輛行駛環境，模擬車輛在行駛過程中所遇到之阻力、駕駛者模型、以及動力系統搭載於目標車輛後之暫態行為。此項測試技術得以讓動力系統在開發初期，可以準確的觀察到其在實際運行過程中的表現，包括馬達之扭力輸出、驅控器之電力控制，以及電池之電流、電壓、以及電量 (state of charge, SOC) 的暫態變化。此項測試技術透過暫態模擬，以及即時的監控記錄，能有效評估動力系統在車輛行駛中，相關行車型態之能耗與動力系統效率之表現。

5.2.1 虛擬車輛模型建置說明

行車效率是由行駛過程之能量消耗與動力輸出功率計算所得，而行駛所需之能量取決於車輛所受之阻力，因此車輛模型需能在行駛中準確模擬車輛阻力。車輛行駛所受到的阻力有三種，滾阻、風阻與爬坡阻，滾阻主要為車輛輪胎與地面間存在之阻力，風阻則為車輛行駛在迎風面造成之阻力，而爬坡阻則為車輛的重力在地面平行之分量，此分量形成一種往後拖曳的車輛阻力。

當車輛為低速時，主要阻力來自於輪胎與地面之間，當車速愈來愈高時，阻力則主要為風阻，因此高速車輛為降低阻力往往會將車身設計為流線型，以降低風阻係數。為克服上述之阻力，車輛之動力系統需輸出相同之推動力，而車輛在加速時，動力系統需要提供更大的驅動力。此驅動力來自馬達驅動扭矩，經由傳動系統到輪胎，用來克服車輛阻力，車輛虛擬模型透過各項參數輸入，於模擬行駛過程中即時計算各項阻力，並由駕駛者模型給予動力系統命令，以產生動力。動力系統輸出功率為馬達扭矩和馬達轉速的乘積，車輛傳動系統效率也影響行駛中所消耗之能量。

除了車輛模型之外，虛擬車輛實驗室提供的虛擬環境，還包括駕駛者模型與道路路面模型。駕駛者模型主要負責車輛跟隨行車目標之油門命令及換檔行為，換檔時機則由真實操駕行為而訂定，反應出實際車輛道路行駛下之暫態表現。道路路面模型則模擬道路之路面摩擦係數、坡度、長度、甚至凹凸不平之路面，用以評估車輛行經各種路面，對於動力系統的影響。

5.2.2 PHIL 測試環境：工研院虛擬車輛測試實驗室

虛擬車輛測試實驗室提供完整的模擬環境，使待測之動力系統能在接近真實車輛之環境當中運作，實驗室主要設備與其規格如圖 5.13 所示，電池模擬器模擬車輛電池 SOC 的暫態變化，並提供驅動電力，也能吸收車輛減速動能回收的電力；車輛負載動力計則輸出模擬車輛之負載變化，駕駛者、車輛、及道路模型則負責模擬行駛中的車輛負載以及控制車輛之檔位變化，實驗室透過即時監控系統 (AVL PUMA)，觀察虛擬車輛在行駛中動力系統各種參數的變化，記錄資料可供後續分析。

第五章 虛擬車輛動力系統測試

馬達及驅控器

電池模擬器

駕駛者與車輛車輛模型

溫度及壓力即時監控

VGU

驅動馬達
DC 250–370 V 3-phase AC
馬達變頻器
DC 250–400 V
BMS

車輛負載動力計

Rated power 250 kW
Rated torque 500 N·m
Max speed 15,000 rpm

PUMA 即時監控系統

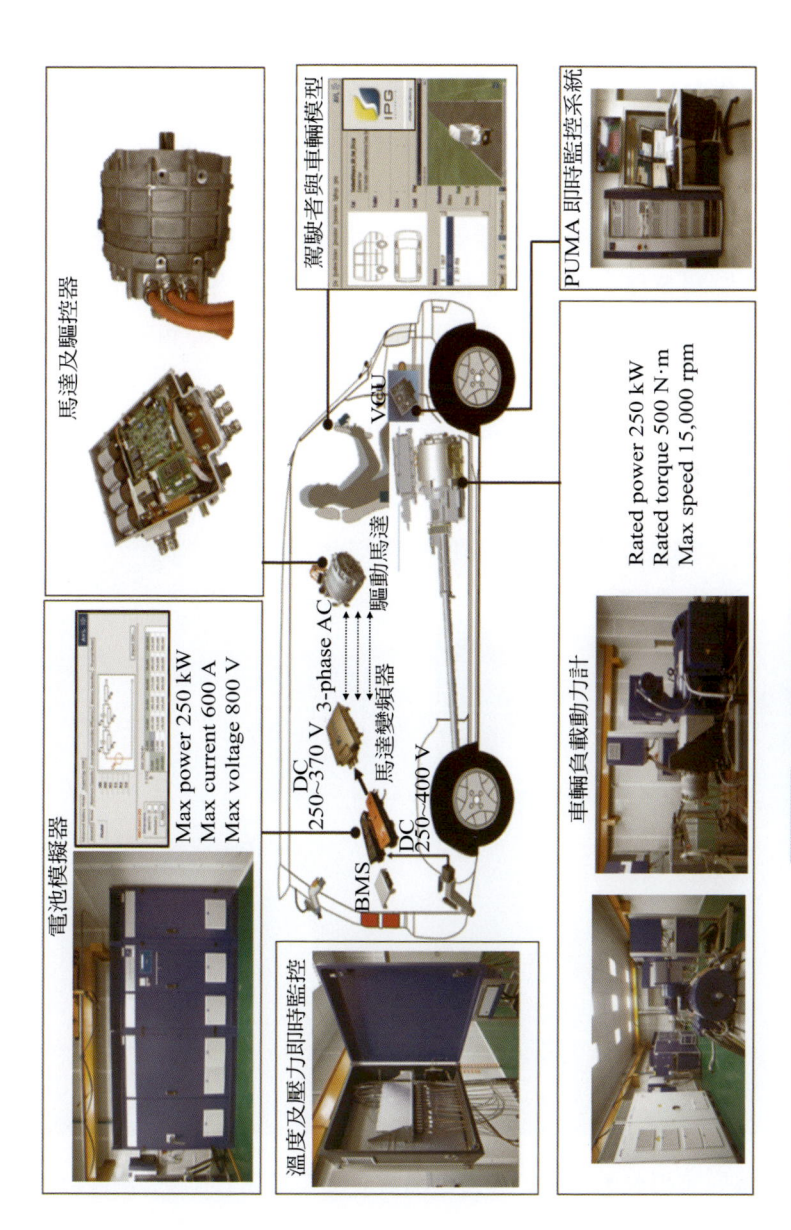

Max power 250 kW
Max current 600 A
Max voltage 800 V

圖 5.13 虛擬車輛實驗室之架構與設備

車輛動力系統在虛擬車輛實驗室的架設如圖 5.14，測試前架設工作包括電力配置、控制訊號、冷卻系統等多項整備。馬達與驅控器串接共用冷卻系統，冷卻水由控制器進入，再經由馬達回到溫控系統。溫度量測包含驅控器、馬達的進出水溫，以及馬達線圈溫度。將目標車輛之相關參數建置於虛擬車輛軟體中，如圖 5.15，而駕駛者模型則透過限制油門造成之最大前進加速度 ($+a_x$ m/s^2)、踩煞車造成之最大減速度 ($-a_x$ m/s^2)、及駕駛者轉彎時造成之最大側向加速度 (a_y m/s^2)，調整駕駛者模型，其參數設定如圖 5.16。實驗監控介面如圖 5.17 所示，實驗者得以即時掌握各種數據，並予以控制。

圖 5.14 車輛動力系統於虛擬車輛實驗室架設圖（①電力配置盒，②動力計，③控制訊號集線箱，④馬達，⑤驅控器，⑥冷卻系統管線）

第五章　虛擬車輛動力系統測試

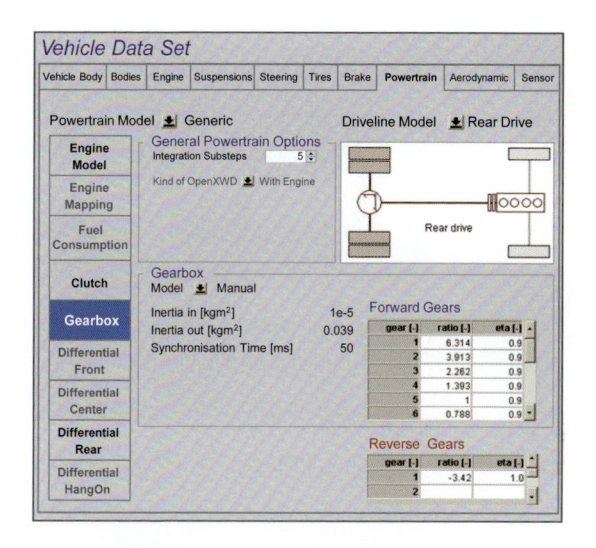

圖 5.15　車輛模型參數設置介面

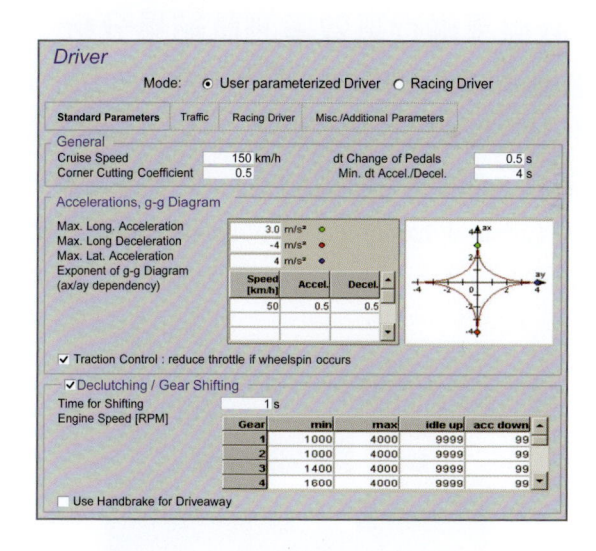

圖 5.16　駕駛者模型參數設置介面

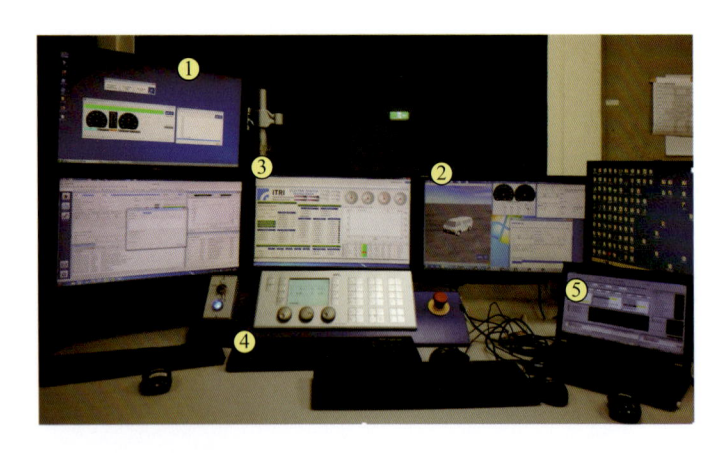

圖 5.17　虛擬車輛實驗室即時監控系統（① 電池模擬器監控，② 車輛模擬器監控，③ AVL PUMA 監控系統，④ 動力計控制面板，⑤ 驅控器調校監控）

5.2.3 虛擬車輛行車效率測試結果分析

完成虛擬車輛模型與動力系統架設後，透過駕駛者模型設定，就可開始虛擬車輛行駛之測試。以國內一輛六段變速之電動中巴為範例，車輛模型如圖 5.18 所示，行車工況選用美國市區行車型態 (urban dynamometer driving schedule, UDDS) 進行能耗測試，如圖 5.19 所示，並將結果進行分析。

圖 5.18　電動中巴之虛擬車輛模型

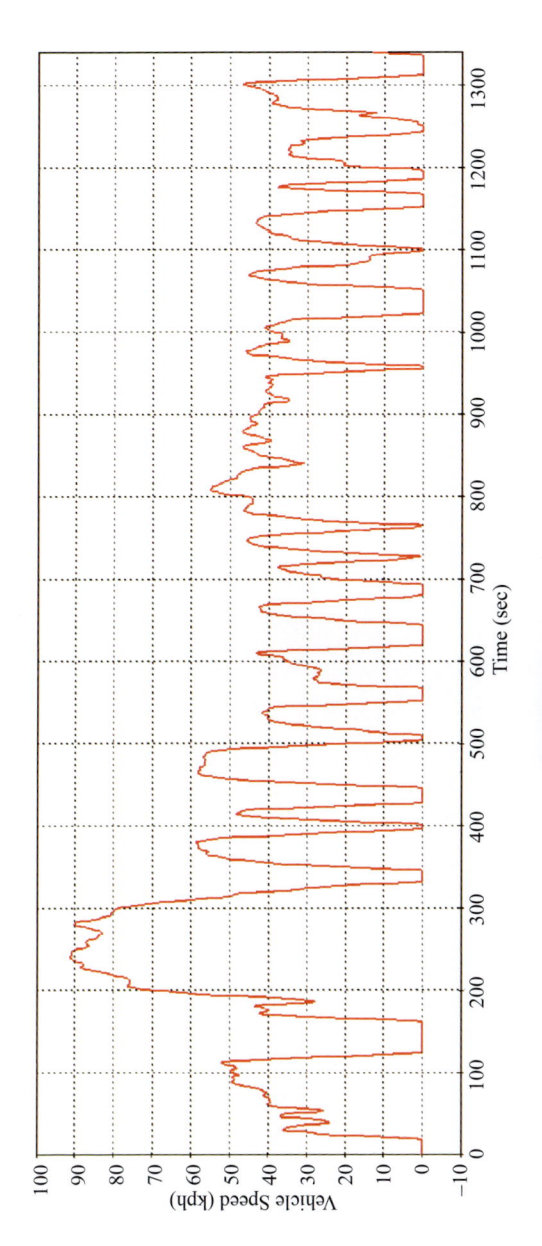

圖 5.19 UDDS 行車型態

在測試過程中，虛擬車輛行駛於 UDDS 工況下，實驗室監控系統 PUMA 即時紀錄轉速、扭力、行駛距離，以及驅控器電壓及電流輸入輸出等數據，藉以計算各紀錄點之能耗及平均效率。圖 5.20 為虛擬車輛在 UDDS 測試下，車速與電能消耗累積圖。根據測試結果可知，車速愈高其能量消耗愈快，而車輛在煞車減速或車速為零時，則能量消耗停止。由此圖發現，車輛煞車減速過程中，能量並無回收現象，因為此動力系統並未啟動煞車回充之功能。車輛能耗測試結果，共消耗了 8897.2 Wh，整車平均能耗約為 754 Wh/km。圖 5.21 為 UDDS 行車型態測試下，馬達在不同檔位下的扭矩與轉速記錄，不同檔位下扭矩與轉速有不同的標示。由圖 5.21 可以了解此虛擬車輛在馬達轉速 4200 rpm 時會進行換檔之動作，當車輛以一檔起步時，馬達轉速由 0 rpm 漸漸上升直至 4200 rpm 後進行換檔，其它檔位則也是在馬達轉速 4200 rpm 時進行換檔之動作。而在此虛擬車輛環境與換檔策略設定下，動力系統之操作點集中分布在轉速 3000 rpm 到 4000 rpm 之間與扭力 200 N·m 以下的區域。

由虛擬中巴之 UDDS 能耗測試結果，驅控器與馬達之平均能耗及效率整理如表 5.6，驅控器與馬達操作平均效率都在 90% 以上，因此動力系統的平均效率為 87.2%。此測試結果可以回饋給原動力系統之開發設計，以及車輛系統的匹配。使用虛擬車輛測試技術，可以將動力系統搭配不同車輛模型，進行各種行車型態測試，在測試過程中可以記錄各種不同的訊號，如扭力、轉速、電流、電壓等，作為動力系統裝車後，道路測試的比對與參考。

第五章 虛擬車輛動力系統測試

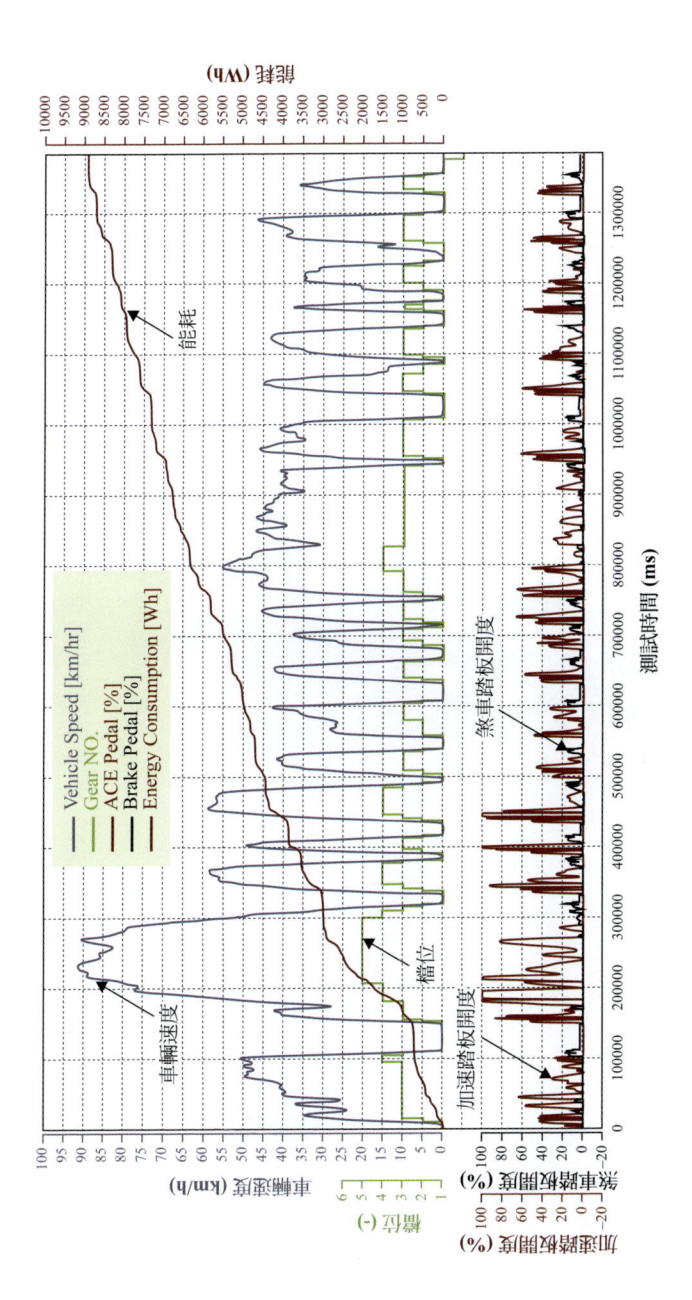

圖 5.20 虛擬車輛 UDDS 測試之車速與電能消耗累積

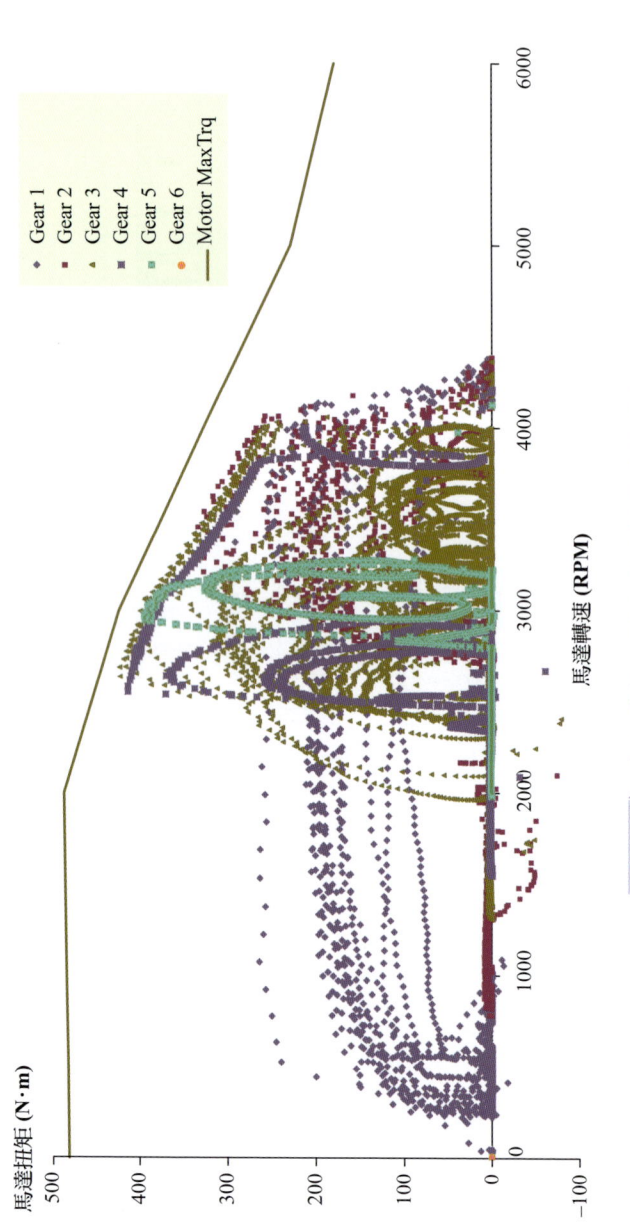

200 電動車輛動力系統設計與整合簡介

圖 5.21 虛擬車輛 UDDS 測試之馬達操作點

第五章 虛擬車輛動力系統測試

表 5.6 虛擬電動中巴 UDDS 測試之能耗與效率

測試項目	電池	驅控器	馬達
耗能 (Wh)	8897.2	8303.9	7662.3
能耗 (Wh/km)	753.7	703.4	648
效率 (%)	---	94.6	92.2
動力系統效率 (%)	87.2（包括馬達及驅控器）		

參考文獻

[5-1] Maplesoft, "MapleSim on the Web; MapleSim Model Gallery, Power-Split HEV," Maplesoft, accessed Aug. 2018, https://www.maplesoft.com/products/maplesim/.

[5-2] Bélanger J., Venne P., and Paquin J. N., "The What, Where, and Why of Real-Time Simulation," Opal-RT Technologies, accessed Aug. 2020, https://blob.opal-rt.com/medias/L00161_0436.pdf.

[5-3] Opal-RT Technologies, "HIL on the Web; Hardware-in-the-Loop (HIL) Simulation," Opal-RT Technologies, accessed Aug. 2018, https://www.opal-rt.com/hardware-in-the-loop/.

[5-4] AVL, "Testing Solutions on the Web; Test Solution for EDrive," AVL, accessed Aug. 2018, https://www.avl.com/web/.

第六章

電動車輛規格制定案例探討

本章說明設計一款車用馬達時,如何從車輛的需求推衍出規格的程序與方法。下面第 6.1 節將由產品輪廓,推估出產品規格的所需系統工程方法,做簡單的介紹,接著再以驅動馬達最重要的動力性能規格為例,說明如何從車輛性能目標,推估馬達動力規格的方法。最後在 6.2 節將以一款中型巴士為範例,實際演練規格制定的過程。

6.1 規格制定流程

圖 6.1 說明由車輛產品需求建立產品輪廓,並將其轉換為設計輸入,進一步完成概念設計的流程。其目的在於根據產品需求推估出期望規格,確認該期望規格可以在設定的條件下達成,進一步找到設計方案。若找不到完成期望規格的設計方案,也能提早進行產品輪廓檢討,重新尋找設計方案。

在圖示流程中,各步驟內容,簡要說明如下:

1. 建立需求清單

開發車輛第一步要確定開發車型想達到的目標,這一般是企劃與市調人員進行的工作,再由管理階層拍板確定開發計畫。要參考的項目包括市場可行性分析,市場展開規劃

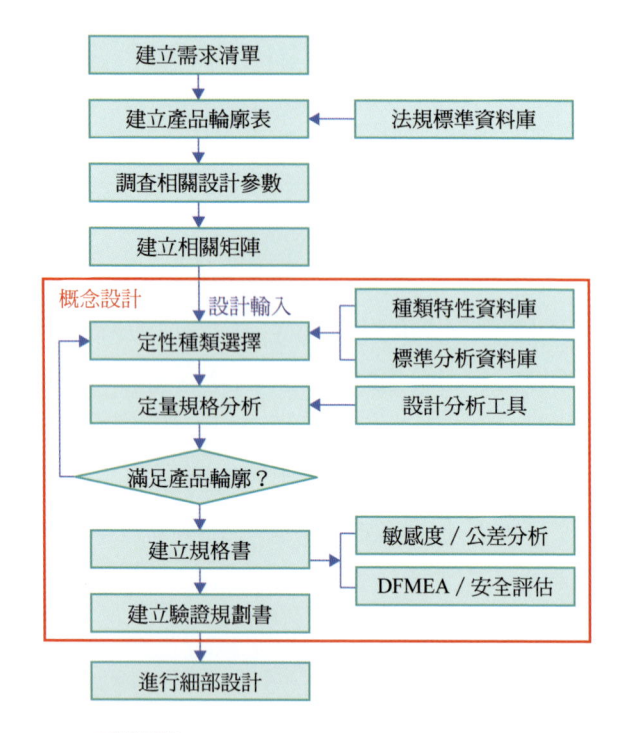

```
建立需求清單
    ↓
建立產品輪廓表 ← 法規標準資料庫
    ↓
調查相關設計參數
    ↓
建立相關矩陣
    ↓
概念設計  設計輸入
定性種類選擇 ← 種類特性資料庫
           ← 標準分析資料庫
    ↓
定量規格分析 ← 設計分析工具
    ↓
滿足產品輪廓？
    ↓
建立規格書 ← 敏感度/公差分析
          ← DFMEA/安全評估
    ↓
建立驗證規劃書
    ↓
進行細部設計
```

圖 6.1 由需求轉換進行概念設計流程

與計畫，風險評估，目的是提出一版未來可銷售賺錢，定義清楚明確的產品需求清單。典型的需求清單項目包括以下幾項：

(1) 目標市場與應符合之法規要求 (污染排放 / 安全 / 煞車 / EMC/⋯) 與特殊規範要求 (ISO 26262/SAE 1939/⋯)。例如於國內掛牌的車輛，都需通過污染排放、油耗、噪音以及安全審驗等項目之審查核章。表 6.1 為國內財團法人車輛測試研究中心 (Automotive Research & Testing Center, ARTC) 整理之電動車輛相關國際法規。

表 6.1 ▶ 電動車輛相關國際法規

類型	項目	參考國際法規
性能	最高速度	ECE R68
	整車能耗與續航力	ECE R101
	馬達額定馬力與最大馬力	ECE R85
安全	一般使用狀況之電器安全	ECE R100 日本 MLIT Aneex 110
	碰撞後安全	FMVSS305 ECE R12 ECE R94/R95
	煞車回充性能	ECE R13H
	充電安全	NEC Article 625
電磁相容性	整車電氣相容性	2004/104/EC
	整車充電狀態	2004/108/EC

(2) 目標客戶（使用者年齡、性別、收入、習慣、文化）與希望提供的服務（通勤、旅遊、載貨、動力性能、功能）。例如電動巴士動力系統，其直接客戶一般是運輸業者或是整車廠，希望提供服務包括動力套件與其系統整合服務，後續維修支援，以及交貨期間與驗收方式等。由運輸業者提供產品的使用情境，例如台北市跨新北市的小型公車，由此再推估出符合需求的產品輪廓。

(3) 目標客戶注重的特性（便宜、可靠、炫、快、簡單、方便…）與產品定位（價格、使用年限、振動噪音、可靠度）。例如電動巴士產品定位是可取代柴油引擎的電動車輛，注重的特性是續航力與可靠度，價值是提供無污染排放、乾淨安靜的都會運輸工具，至於跑得快及車型炫並不是其追求的特性與定位。

2. 由需求轉換為產品輪廓

需求清單透過一些工程活動，可將其轉換為可量測與驗證的具體產品性能，稱為產品輪廓。有些需求本身很明確，例如車輛需通過安全審驗要求之煞車性能測試，由於法規對車速與煞車距離有具體詳細規範，可直接轉換。但有些需求是原則與抽象的，例如抽象的產品需求：「台北市跨新北市的中型電動公車」，可展開成載客人數、行車型態、爬坡度、極速、續航力，充電時間等具體產品性能，做為制定動力系統規格的依據。

產品輪廓可以是定義功能（function，能做什麼？）、性能（performance，做到多好？）、限制（constraints，做的外在條件）、介面（interface，與其他產品的交互作用）或是品質（quality，可靠度、壽命、安全性等）。產品輪廓應盡量完整描述，使其能符合之使用情境與環境要求。對車輛產品而言，使用情境項目包括行車型態、使用頻率、里程、加速性、極速、保養週期、續航力、保養計畫等；環境要求項目包括：置放溫度、操作溫度、氣壓、濕度、路面狀況等；電動巴士產品本身則包含：功能、性能、安全性、可靠度與製造成本；對於欲購買產品的運輸業者，還需要再擴大至提供服務的內容，例如：交貨期間與方式、系統工程服務項目、驗證項目、未來售後服務項目與收費、零組件備料供應承諾項目、費用與年限等。

3. 由產品輪廓推衍出產品規格

產品輪廓雖然具體，但有些是敘述性的，因此還需要再進一步轉換為更具體直接的產品規格。由於各項規格間的交互作用，以及要求規格到性能之間的可追溯性，建立產品規格的過程要動用比較多的分析工具與資料。

在開始建立產品規格時，需先找出會影響產品輪廓設計參數的項目。以下面這個產品輪廓為例：

起動性能的需求為 0℃下於 10 秒內由靜止加速至 30 kph。

對應上面的產品輪廓，電動車輛上的設計參數將會是：電池的低溫放電能力、馬達的起動扭矩、動力系統的機械摩擦阻力，驅動器的最大電流等。

找到各項產品輪廓的設計參數後，可分別置於一表格之行與列，彙整為一需求與設計參數相關矩陣。建立表格之目的是由於各個產品輪廓與設計參數之間常具有交互相關性，一個產品輪廓可能會對應到許多設計參數，而一個設計參數也可能會影響許多產品輪廓，所以整理成矩陣可協助釐清之間的關係，這對於制定零組件規格或設計變更時，可有效避免遺漏檢討受影響的產品輪廓。

當完成產品輪廓與設計參數的矩陣表之後，接下來要彙整出各產品輪廓的需求，定出該設計參數應有的性能目標。例如對電池充放電能力這個設計參數而言，其需滿足在冷起動狀態下，0℃可達 200 A 放電，爬坡狀態下，常溫可達 250 A 放電，煞車回充狀態下，常溫可達 300 A 充電等。這些性能目標是進行概念設計的依據，這裡稱為設計輸入。理論上設計輸入應包含所有可滿足產品輪廓與其對應的設計參數規格，但這類調查工作很難定義為完整，這是因為其間的交互關係相當複雜，故產品輪廓與設計參數間定量化的交互關係,需有理論模型、分析工具、測試數據,甚至測量產品統計建立的資料庫,逐漸累積工程經驗後,再回饋指導產品的設計輸入該如何決定。

4. 依據設計輸入進行概念設計

一般會先根據定性的需求來選擇設計方案,從各種設計方案中挑出最符合設計輸入的項目,這裡可建立比較性的系統圖表來協助判斷與選擇。當設計方案確定後,透過概念設計分析工具進行模擬,進行細部設計規格值的評估,檢討是否能滿足設計輸入的要求。

以馬達的設計方案為例,表 6.2 是不同馬達種類基本特性的比較,圖 6.2 為最佳效率區分佈比較。每個馬達一開始設計時,應先依據最佳效率區需求範圍,最高轉速與額定轉速比例,馬達大小,自我技術把握度,以及供應狀況等等條件,選擇一種最適當的馬達種類。

表 6.2 各種馬達基本特性的比較

	直流有刷馬達	直流無刷馬達	永磁同步馬達	感應馬達
優點	●控制性佳 ●線性扭力曲線 ●低扭力漣波	●高功率密度 ●高單位轉動慣量扭力密度 ●散熱性佳 ⇒ 較佳的耐過負載能力	●扭力可平滑 ●高效率 ●高單位體積扭力密度 ●高輸出扭力 ●散熱性佳 ⇒ 較佳的耐過負載能力	●正確控制條件下之暫態性能表現佳 ●高轉速 ●結構簡單成本低 ●可靠度佳 ●供應廠商多
缺點	●低可靠度 ●碳刷需定期保養 ●散熱性差 ⇒ 較差的耐過負載能力	●昂貴 ●高扭力漣波 ●過溫有退磁風險 ●高轉速需弱磁控制	●昂貴 ●過溫有退磁風險 ●高轉速需弱磁控制	●控制系統複雜 ●因滑差功率因數永遠滯後 ●輕負載效率低

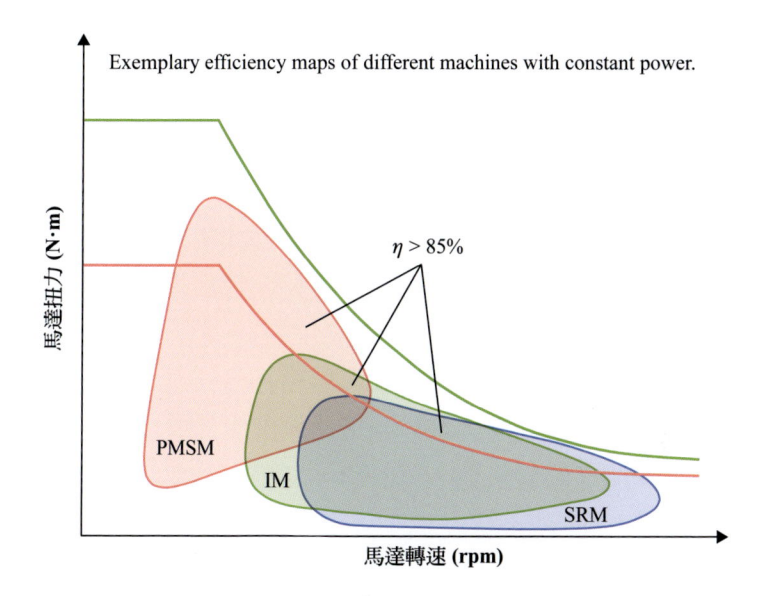

Exemplary efficiency maps of different machines with constant power.

馬達扭力 (N·m)

$\eta > 85\%$

PMSM
IM
SRM

馬達轉速 (rpm)

圖 6.2 各種馬達效率特性分佈比較圖

　　例如近年來車輛驅動馬達便有感應馬達 (IM) 逐漸取代直流馬達 (DC 馬達) 的趨勢，就是因為馬達基本特性不同造成的結果。參考美國 Metric Mind Corporation 公司與類似文獻[6-1]說明整理如下：

(1) 感應馬達主要缺點是控制器比較貴。因為其三相控制策略較複雜，以及控制器需與馬達設計參數匹配，因此一般是與馬達成套販售，選擇性小因此較貴。直流馬達控制器只是簡單的電壓供應，與馬達內部設計參數關係不大，可以自由選購匹配，因此較為便宜。

(2) 感應馬達驅動器可用原硬體進行煞車回充，直流馬達雖自動產生反電動勢，但要回收能量驅動器需要修改架構。

(3) 感應馬達扭力改變對轉速影響較小，加速較平坦，對換檔變速控制需求較小。直流馬達雖然起動扭矩較大，但會造成齒輪與傳動軸應力過高問題，以致造成起步較不平穩。
(4) 雖然目前直流馬達大多數已無刷，即使是有刷馬達，也可做得在一般使用情境下很可靠、好維修。但卻在轉動換向時仍難避免跳火的問題。
(5) 其他包括感應馬達因控制與驅動器較複雜，反而有機會置入向量控制等高階控制策略。感應馬達反電動勢小，高轉速弱磁需求低，可滑行，三相驅動換向比直流改變電流方向容易。

5. 規格制定範例

以下以中型電動巴士為例，簡要說明如何由車輛需求推衍出驅動馬達規格的流程。

(1) 搜集車輛的需求並轉換成產品輪廓：

假設客戶提出的需求是一款在都會區行駛的全電動化公車的驅動馬達，首先要蒐集所謂「都會公車」的相關資訊與產品需求（以下數據皆為舉例說明，不代表真實數據），例如總重上限 16 噸，載人目標 30 人，因此空車重需在 13.5 噸以下，以及由公路法規可知前後軸的載重上限。

接著要調查都會公車的使用狀態，包括行車型態、極速、爬坡度與爬坡車速、續航里程、冷氣與煞車等額外電能需求、充電時間等。以及當地法規、消費者與業者對此都會公車的要求，例如需認證的法規項目、振動噪音水準、使用年限、初期成本與營運成本。

這些項目直接間接影響馬達的設計規格,例如車輛總重限制了電池的容積,也就是馬達的電流,續航力要求馬達效率,軸戴重上限影響馬達重量與在車體位置,極速與爬坡度決定馬達馬力與扭力性能規格,行車型態決定馬達效率最佳化範圍等。

為了要更明確的定義出規格,需求要轉換為可量測的產品輪廓定義,例如「通過地下道與天橋」的需求,轉換為「於全載重下,爬 20% 坡度,時速 25 km/h 以上,維持 30 秒」。例如「台北市跨新北市的中型電動公車」,產品輪廓項目可以包括:每日出車三趟,兩趟間休息兩小時(充電時間),每趟行駛 30 km 全程開 5 kW 冷氣(電能與續航力),平均站距 500 m(煞車與電池),十秒內需加速至 30 km/h 時速(加減速與扭力),最高坡度為橋樑爬坡道,坡道 20% 時速 25 km/h(扭力與轉速),最高車速 60 km/h(減速比與最高轉速),環境溫度 0℃至 40℃(冷卻設計、電池與材料),海拔 0 m 至 400 m(氣冷馬達冷卻設計),全程柏油路面(耐振水準),豪大雨仍需出車,積水預期最高度 20 cm(防水性),使用年限七年,總里程 250000 km,每年歲修一次,歲修僅潤滑軸承不拆解定子與線圈,不更換軸承與重灌凡立水(軸承與材料壽命),每年平均出車後拋錨故障率小於一次,低動力但可自行回廠故障率小於兩次(可靠度),驅動馬達包含其驅控器成本低於 60 萬元等。

(2) **找出產品輪廓相關設計參數**：此一步驟可由工程經驗或由基本原理著手。由於使用的技術較為廣泛，本文僅以車輛運動性能這項產品輪廓為例說明。如圖 6.3(a) 是以車體動力學，將車輛運動性能與馬達性能連接的基本原理。圖中馬達扭力 T_m，經各級傳動效率與減速比，可計算出車輪驅動力 F_x；由車輛截面積 A、風阻係數 C_D 可算出風阻力 D_A、車重與輪阻係數 μ_R 可算出輪阻力 R_x，爬坡度 θ 可計算出的重力分量，以上風阻力、輪阻力與重力分項為行車阻力，可繪製力系圖如圖 6.3(b)，其中 W 為車重，g 為重力加速度，R_{xf} 與 R_{xr} 是滾動阻力 R_x 在前後輪的分量，F_{xf} 與 F_{xr} 是驅動力 F_x 在前後輪的分量；驅動力減掉行車阻力為可供車輛加速的淨驅動力，除上慣量即為車輛加速度，加速度積分可得車速。因此將圖 6.3 的基本原理，撰寫成程式後，可由車輛動力性能這項產品輪廓，推論到馬達需要的性能。

$$F_x r = T_m N_t N_f - [(I_m + I_t)N_t^2 N_f^2 + I_d N_f^2 + I_w]a_x/r \quad (6.1)$$

$$m_r = [(I_m + I_t)N_t^2 N_f^2 + I_d N_f^2 + I_w]/r^2 \quad (6.2)$$

$$(m + m_r)a_x = T_m N_t N_f \eta/r - mg\sin\theta - D_A - R_x \quad (6.3)$$

$$D_A = C_D \rho A V^2/2 \quad (6.4)$$

$$R_x = mg\mu_R \quad (6.5)$$

其中 T_d 是變速箱輸出扭力，T_a 是車輪扭力，a_x 是車輛加速度，m 是整車質量，m_r 是轉動件慣量，I_m 是馬達轉動慣量，I_t 是變速箱轉動慣量，I_d 是傳動軸轉動慣量，I_w 是車輪轉動慣量，r 是車輪半徑，N_t 是變速箱減速比，N_f

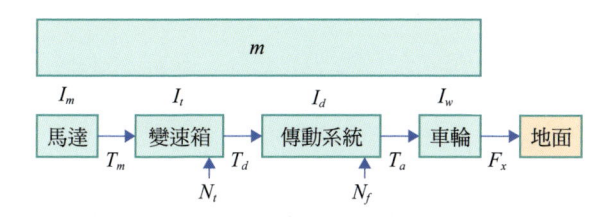

第六章 電動車輛規格制定案例探討

(a) 馬達扭力與車輛運動關係

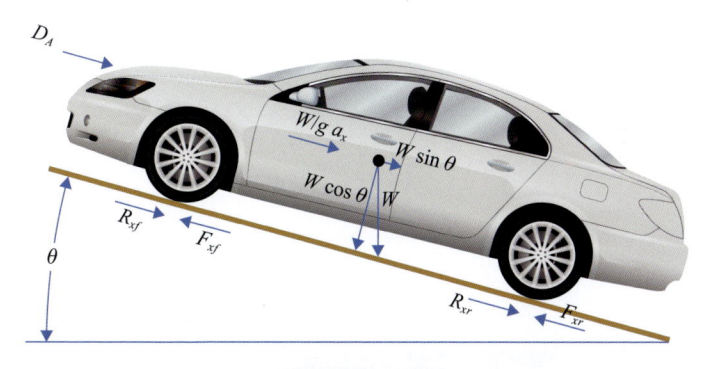

(b) 車輛運動力系圖

圖 6.3 馬達扭力與車輛運動關係

是最終減速比，η 是傳動效率，V 是車身相對風的速率，ρ 是空氣密度。

(3) 建立相關矩陣，彙整為設計輸入。以驅動馬達的設計輸入為例，將圖 6.3 中公式代入車輛各項動力性能需求計算，可得到對應的馬達規格。結果整理如圖 6.4 所示，一般而言，決定馬達最高扭力的是車輛起動加速，決定連續扭力的是山路爬坡，決定馬力、轉速與減速比的是極速，決定最高效率區的是行車型態等。同理，經由電機與熱傳分析，可得到對應電機性能的馬達規格，例如

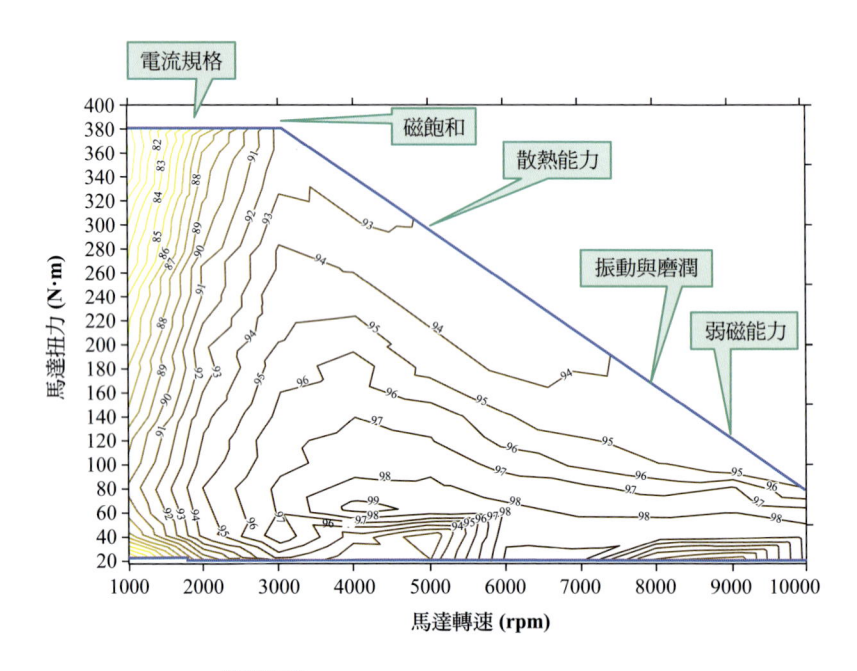

圖 6.4 車輛性能與馬達規格關係圖

決定最大扭力的是電流上限與磁通飽和，決定連續扭力的是熱傳導能力，決定最高轉速的是弱磁能力與結構設計，決定瞬間最大馬力的是電功率與溫升。這些要求可彙整為動力系統的設計輸入。

(4) 由設計輸入，進行設計方案選擇概念設計。即透過文獻回顧蒐集資訊，建立各種設計方案比較圖表協助判斷。以中型巴士的動力系統而言，最高階的選擇是那一種類型的馬達，以及那一種類型的驅動策略。表 6.2 為常用車輛驅動馬達種類的特性簡易比較表，表 6.3 為驅動器控制法的簡易比較表。需注意真實應用時，這些比較表往往還要帶有定量的特徵協助判斷，例如對車輛驅動馬達的高準確度驅動控制,是指轉速在 1% 以內,扭力在 3% 以內等。

表 6.3 各種驅動器控制方法特性比較表

控制方法	轉矩控制	磁通控制	響應	優點	缺點
直流控制 (直流馬達)	直接	直接	快	高準確性 轉矩響應佳 架構簡單	維護困難 需要編碼器
純量 V/f 控制	無	無	慢	不須編碼器 架構簡單	準確性低 轉矩控制劣
磁場導向控制	間接	直接	快	高準確性 轉矩響應佳	需要編碼器
直接轉矩控制	直接	直接	快	高準確性 具優良轉矩響應	要求高準確性情況需編碼器

一般而言,罕有設計方案完全不能滿足性能目標,可以明顯的直接排除。大部分設計方案的選擇,是開發者依據成本、技術把握度、注重項目排序取捨的結果。由於選擇設計方案決定了本質上的差異,往往不是後續設計參數調校足以彌補,因此正確選擇設計方案十分重要。目前網路蒐集到相關資訊相當方便,但參考他人整理好之比較圖表時,要注意這些圖表是製作者依其個人經驗主觀評估的結果,有時甚至為了商業利益而故意偏頗,其次也要注意是否為最新資訊,隨著技術進步,比較的結論要適時修正。建議完成設計選項後,召開審查會議,聽取相關人員的建言。

(5) 進行概念設計的定量分析,確定產品的定量規格。此一部分已進入真正的設計工作,一般公司會建立標準的設計程序,定義設計輸入與設計流程來規範如何執行。以下用馬達性能規格為例簡要說明,表 6.4 為由車輛性能設計輸入,進行馬達動力規格分析的標準設計輸入表,圖 6.5 為設計的流程。

表 6.4 馬達動力規格概念設計輸入表

(1) 穩態分析

車輛性能		
極速	最大爬坡度	爬坡度 @ 車速
最大加速度 @ 摩擦係數	巡航車速	持續爬坡度
車輛規格		
迎風面積	風阻係數	輪阻係數
空載質量	空載重心距前輪距	空載重心高
全載質量	全載重心距前輪距	全載重心高
變速箱各檔齒輪比	變速箱各檔傳動效率	變速箱各檔轉動慣量
最終傳動比	最終減速機傳動效率	傳動軸轉動慣量
輪胎外徑	地面摩擦係數	輪胎轉動慣量

(2) 暫態分析

車輛性能		
行車型態	各檔加速性	
動力系統規格		
扭力曲線	額定扭力 / 轉速	最大功率 / 轉速
系統效率分佈	換檔時機	電池電壓與電流

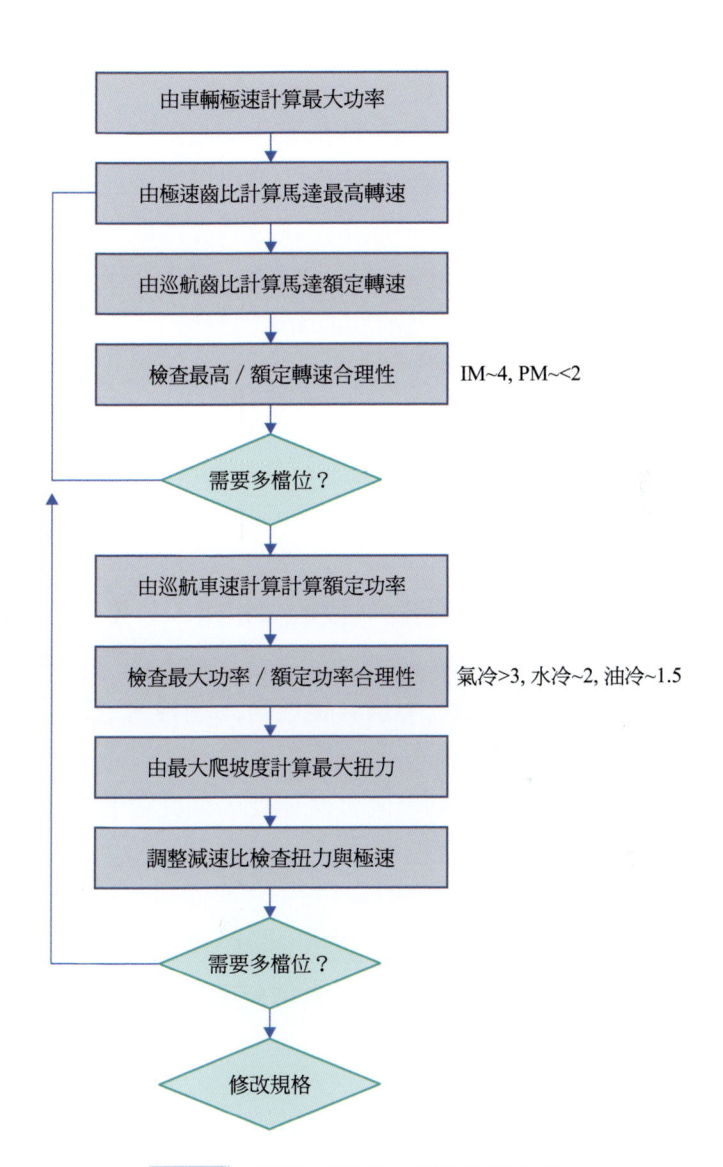

第六章 電動車輛規格制定案例探討

```
由車輛極速計算最大功率
        ↓
由極速齒比計算馬達最高轉速  ←──┐
        ↓                    │
由巡航齒比計算馬達額定轉速       │
        ↓                    │
檢查最高/額定轉速合理性   IM~4, PM~<2
        ↓                    │
    <需要多檔位？>─────────────┘
        ↓
由巡航車速計算計算額定功率    ←──┐
        ↓                     │
檢查最大功率/額定功率合理性  氣冷>3, 水冷~2, 油冷~1.5
        ↓                     │
由最大爬坡度計算最大扭力        │
        ↓                     │
調整減速比檢查扭力與極速        │
        ↓                     │
    <需要多檔位？>──────────────┘
        ↓
    <修改規格>
```

圖 6.5 標準車輛動力規格的設計流程

圖 6.5 的程序說明如下：
(a) 首先由車輛的極速，經由風阻與輪阻計算，決定所需的功，除上傳動效率後，可以得到馬達的最大馬力需求。若要求車輛保持極速長程巡航，則此最大馬力將是馬達的額定馬力規格，若僅要求車輛短期衝高極速，則此為瞬間最大馬力規格。
(b) 由馬達的弱磁控制特性，可決定極速轉速與定扭力轉速的比例，例如感應馬達弱磁控制能力較佳，最高轉速與額定扭力轉速上限比可達 4，對於大馬力的永磁馬達而言，這個比值約小於 2。由此比值推算出穩定的扭力值。
(c) 在起步加速性與爬坡度的要求下，若馬達扭力不足，則可使用減速齒輪放大扭力。
(d) 挑選減速比後，可換算極速時馬達轉速，設定為馬力最高轉速。
(e) 若轉速太高，則需降低減速比，如此會導致低速扭力不足，此時則需增加扭力規格。

上述程序由於需反覆疊代計算，一般使用軟體可同步算出所有車輛性能，使用軟體的快速計算能力，可以協助探討各種設計參數，進行參數敏感度等分析找到關鍵參數，協助建立相關矩陣。

6. 結論與建議

　　本節以泛用產品輪廓，經由系統工程，推估出產品規格。下節我們將以一款中型巴士的實際操作，說明圖 6.5 的流程，如何由車輛性能推估至馬達動力性能。

6.2 規格制定實例 - 電動中巴 180 kW 馬達與驅動器

以下舉一款電動中巴的規格訂定，美國 EPA(environmental protection agency) 所規範之行車型態 UDDS(urban dynamometer driving schedule)，即車速與時間的關係如圖 5.19[6-2]，說明由車輛產品輪廓推估到動力性能的流程。

6.2.1 分析流程說明

從車輛規格推導至合適的馬達規格，以驅動車輛進行 UDDS 都會行車型態能耗測試，此分析推導流程主要分為兩大部分，第一部分先由車輛規格與性能需求分析出馬達之性能，而表達馬達性能最主要的方式即為馬達之力矩與轉速曲線 (T-N curve)，此曲線勾勒出馬達動力系統的最大扭矩、最高轉速、最高功率與額定功率。第二部分則是由力矩與轉速曲線、車輛規格及行車型態下，計算馬達操作點分布，並統計車輛的能耗分布。

6.2.2 車輛規格訂定

以一款可以上高速公路行駛的都會電動中型巴士（簡稱電動中巴）為例，其規格如表 6.5，性能目標如表 6.6，其中由於傳動系統為延用現品，故各檔減速比為固定值。電動中巴與一般傳統巴士相異之處，主要為車重，因攜帶電池略重，續航里程較短，由於非長程高速使用，其巡航車速也較低。

表 6.5 電動中巴車輛規格

A. 車輛規格		
項目	數值	單位
車長 / 車寬 / 車高	7100/2200/2800	mm
空載載重之質量	6000	kg
全載載重之質量	7700	kg
軸距	3800	mm
車輛迎風面積	5	m^2
風阻係數	0.525	-
B. 傳動系統		
各檔減速比（1~4 檔）	6.3/3.9/2.3/1.4	
各檔效率（1~4 檔）	0.90/0.92/0.92/0.92	
差速度減速比	4.88	
差速度效率	0.92	
C. 輪胎規格		
輪胎型號	215/70R17.5	
輪胎半徑	0.362 m	
輪（滾）阻係數	0.009	

表 6.6 車輛性能需求表

最高車速	>120 km/h
最大爬坡度	>30%
巡航車速	80 km/h

6.2.3 馬達 TN 曲線計算

　　由車輛規格與車輛性能需求，分析馬達性能之需求，其分析流程如圖 6.6。最高車速影響馬達設計之最大功率，而最大爬坡度取決於馬達設計之最大扭矩，巡航車速則影響馬達之額定功率。首先由使用二檔的最高車速，計算此馬達需輸出之最大功率，最高車速需求為 120 km/h，當車速為 120 km/h 時車輛所受之阻力為 2626 N。因此車輛行駛在 120 km/h 高速之需求功率為阻力乘上速度，也就是最大功率約 103 kW，並由最高車速制定馬達所需最高轉速約 6000 rpm。由行車型態 UDDS 計算不同時間點，車輛加速度所需之功率，如圖 6.7，可知制定最大功率輸出 103 kW 可以符合 UDDS 大部分之功率需求。

　　從車輛之巡航車速計算出額定功率為 39.6 kW。最後根據最大爬坡需求 30%，由 (6.1)~(6.5) 公式計算車輛以一檔爬坡之馬達扭力為 323 N·m，以二檔爬坡之馬達扭力為 524 N·m。

　　根據以上流程分析與表 6.6 之車輛性能需求，定義出馬達扭力、轉速與功率之邊界條件，如圖 6.8。圖中分別描繪出車輛以一檔或二檔爬坡，並維持車速 5 km/h 所需之扭力需求與轉速範圍。並於圖中繪製不同轉速下之最大功率 (103 kW) 與額定功率 (39.6 kW) 曲線，從此圖可大概勾勒出車輛所需求之馬達設計。比對此車輛實際使用之馬達 T-N 曲線，此馬達性能已大致涵蓋車輛性能需求，甚至此車輛以一檔進行爬坡，能大於表制定之爬坡需求 (30%)。從圖可知，根據圖 6.6 流程所分析出之馬達性能規格，與實際使用之馬達性能規格大致吻合。

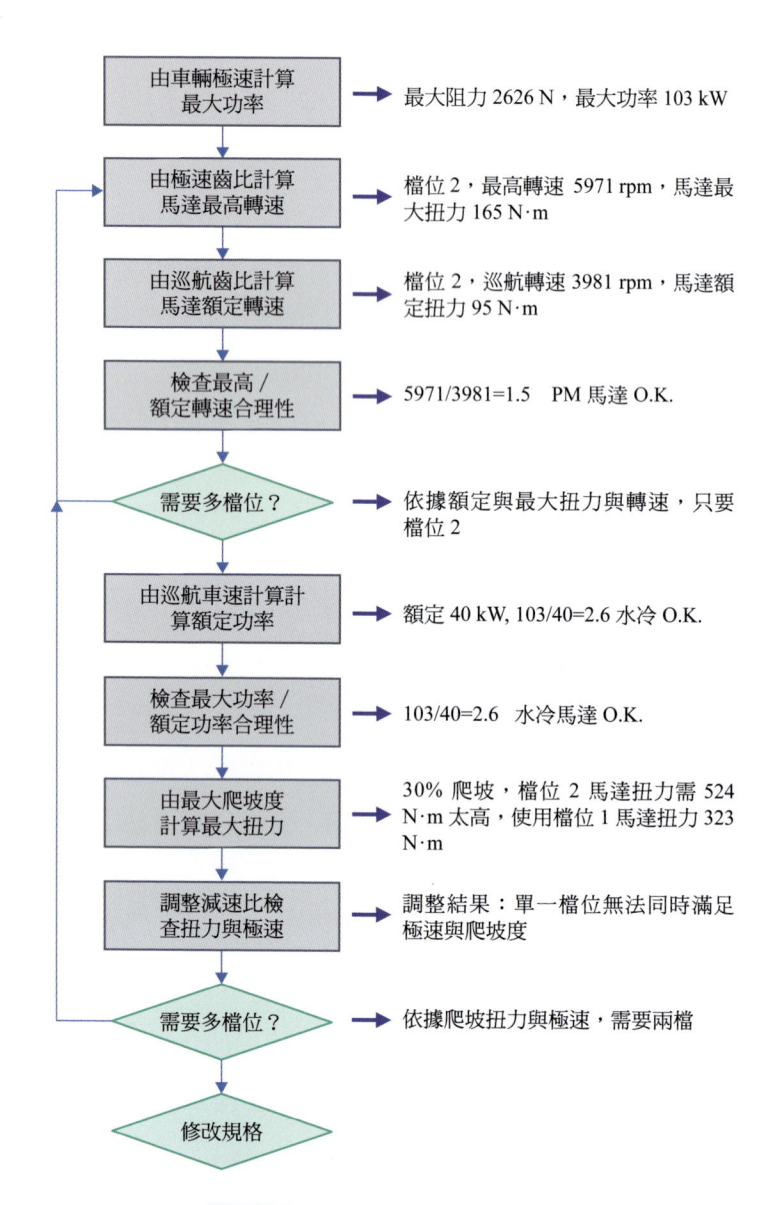

222 電動車輛動力系統設計與整合簡介

```
[由車輛極速計算最大功率] → 最大阻力 2626 N，最大功率 103 kW

[由極速齒比計算馬達最高轉速] → 檔位 2，最高轉速 5971 rpm，馬達最大扭力 165 N·m

[由巡航齒比計算馬達額定轉速] → 檔位 2，巡航轉速 3981 rpm，馬達額定扭力 95 N·m

[檢查最高/額定轉速合理性] → 5971/3981=1.5  PM 馬達 O.K.

<需要多檔位?> → 依據額定與最大扭力與轉速，只要檔位 2

[由巡航車速計算計算額定功率] → 額定 40 kW, 103/40=2.6 水冷 O.K.

[檢查最大功率/額定功率合理性] → 103/40=2.6  水冷馬達 O.K.

[由最大爬坡度計算最大扭力] → 30% 爬坡，檔位 2 馬達扭力需 524 N·m 太高，使用檔位 1 馬達扭力 323 N·m

[調整減速比檢查扭力與極速] → 調整結果：單一檔位無法同時滿足極速與爬坡度

<需要多檔位?> → 依據爬坡扭力與極速，需要兩檔

<修改規格>
```

圖 6.6 馬達性能需求之分析流程

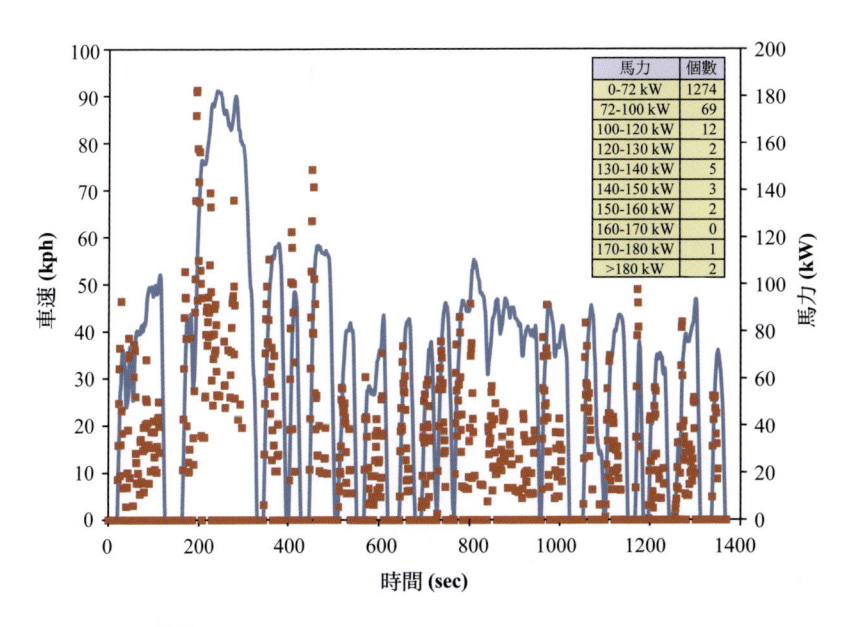

第六章　電動車輛規格制定案例探討

馬力	個數
0-72 kW	1274
72-100 kW	69
100-120 kW	12
120-130 kW	2
130-140 kW	5
140-150 kW	3
150-160 kW	2
160-170 kW	0
170-180 kW	1
>180 kW	2

圖 6.7 行駛 UDDS 行車型態之各時間點功率需求

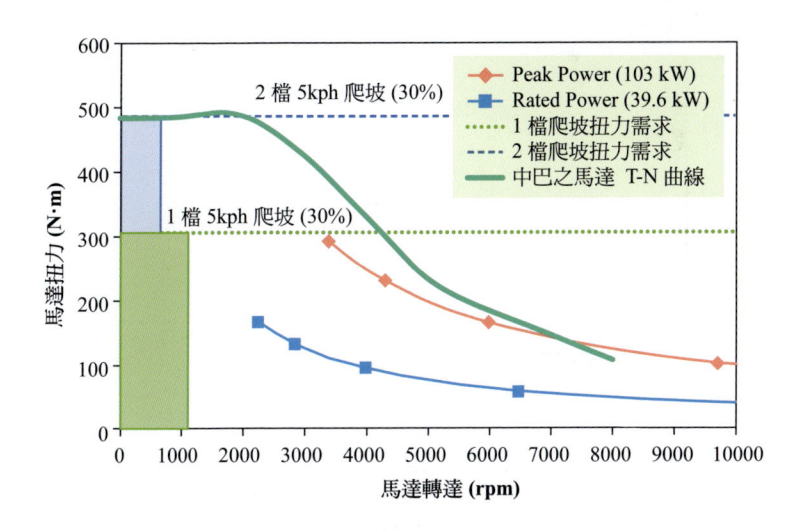

圖 6.8 電動中巴使用之馬達 T-N 曲線與分析邊界之比較

表 6.7 ▸ 電動中巴變速箱換檔策略

	Min(rpm)	Max(rpm)
1 檔	0	3000
2 檔	1000	4000
3 檔	1000	5000
4 檔	1000	5000

若有超過一個檔位馬達轉速與扭力符合範圍限制時，選擇較高檔位

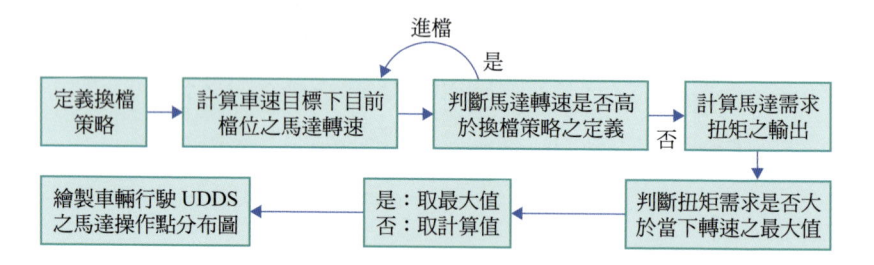

圖 6.9 ▸ 馬達操作點之推導流程

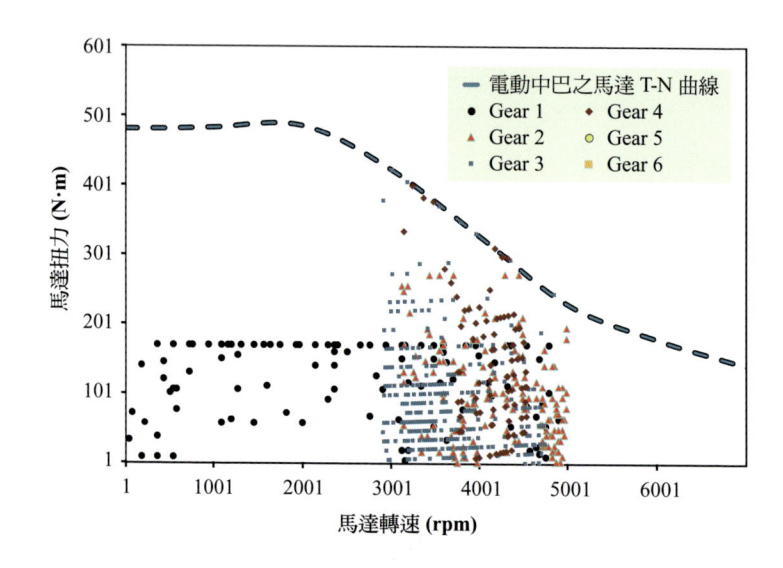

圖 6.10 ▸ 車輛行車型態行駛之馬達操作點分布圖

6.2.4 馬達高耗能區計算

依據 UDDS 行車型態，計算此型中巴驅動馬達的經常性操作區域以及高耗能區域。計算方法是將車輛規格帶入車輛動態分析軟體，如 Advisor，利用 (6.1) 至 (6.5) 式計算整個行車型態的馬達操作點（扭矩與轉速），再統計經常操作點與較高耗能區。由於本車具多檔位，同一速度與加速度，會依據檔位分配到不同的馬達轉速與扭力。此時可依據駕駛者習慣、噪音、效率等因素，定義車輛的換檔策略如表 6.7。根據行車型態之每一瞬間速度目標，應用圖 6.9 之計算流程，計算當時馬達之檔位、轉速及扭力。計算結果，可繪製馬達運轉分佈圖，如圖 6.10。為了追求更佳能耗，車輛檔位使用至 6 檔，超過動力性能需求的 2 檔。

由圖 6.10 的密度可觀察馬達操作常用區，但常用區不代表最大耗功區。若要求取整個行車型態的耗能最少，馬達最佳效率區需設計在最高耗功區。計算方法是將圖 6.10 之馬達操作點，乘上當時的效率，再以統計繪製馬達耗功分佈圖如圖 6.11，其中使用顏色代表耗功的多少，最多能耗區即為馬達最高效率區的設計目標。

由圖 6.8 馬達的性能曲線，以及圖 6.10 馬達的最佳效率目標，做為馬達規格進行馬達設計。設計完成之馬達，同時考慮驅動器效率後，可以繪製如圖 6.12 之初版的動力系統效率圖。此效率分佈再帶回行車型態，驗算車輛性能是否滿足規格，例如，扭力是否能夠追隨行車型態要求車速，以及帶入行車型態驗算馬達耗功。

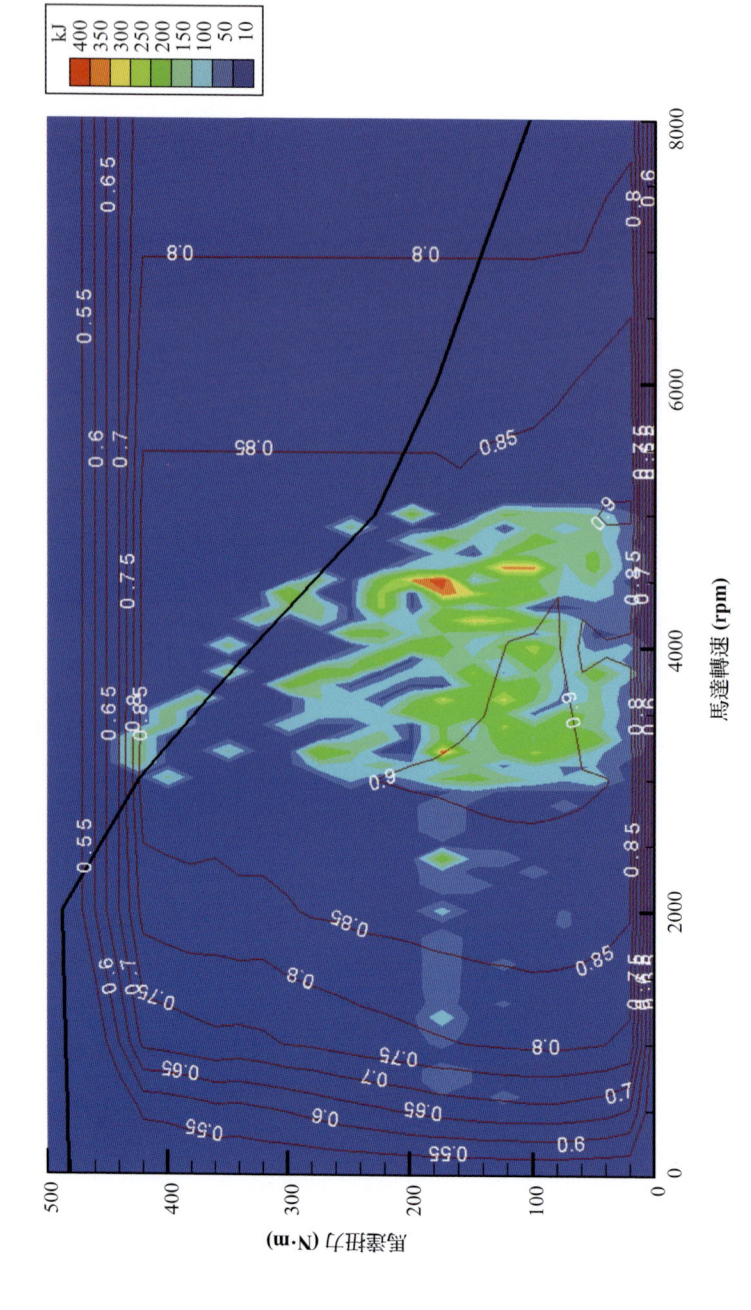

圖 6.11 馬達效率分布修正後之能耗分布圖

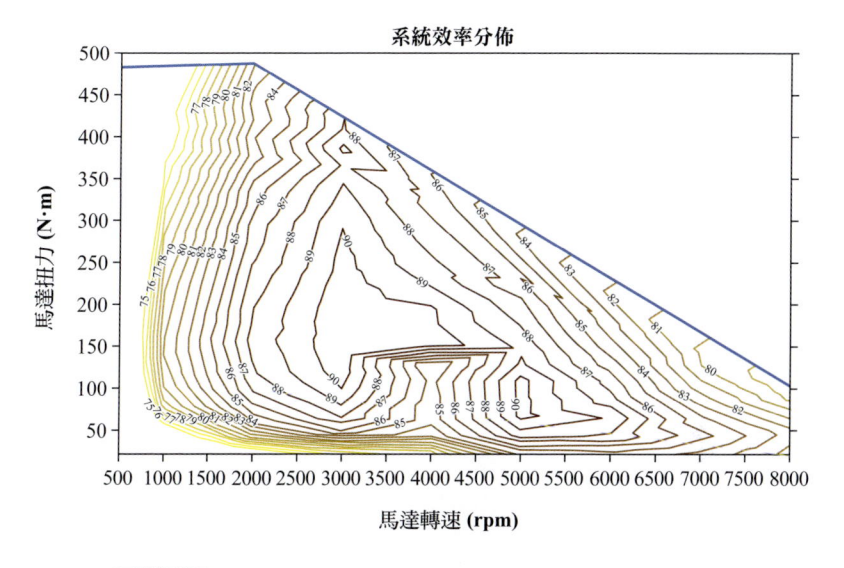

圖 6.12 中型巴士馬達與驅動器整合系統效率分布圖

參考文獻

[6-1] Chan, C. C., and Cheng, M., "Vehicle Traction Motors," in Book: *Transportation Technologies for Sustainability*, Editors: Ehsani, M., Wang, F. Y., Brosch, G. L., (New York: Springer, 2013), https://doi.org/10.1007/978-1-4614-5844-9_800.

[6-2] DieselNet, "UDDS(FTP-72)," DieselNet, accessed Mar. 2019, https://www.dieselnet.com/standards/cycles/ftp72.php.